mentor Lernhilfe

Mathematik

9./10. Klasse

Geometrie 1:
Zentrische Streckung, Satz des Pythagoras, Kreis- und Körperberechnungen

Rolf Baumann

Mit ausführlichem Lösungsteil und Zeichnungsvorlagen zum Heraustrennen

Special: Lerntipps!

mentor
Eine Klasse besser.

Über den Autor:
Rolf Baumann, Dozent und Lehrgangsleiter für Mathematik und Physik an der Volkshochschule

Lerntipps:
Alexander Geist, staatlicher Schulpsychologe an einem Gymnasium

Redaktion: Dr. Hans-Peter Waschi

Mathematische Abbildungen: Dr. Hans-Peter Waschi, Holzkirchen

Illustrationen: Pieter Kunstreich, Hamburg

Layout: Barbara Slowik, München

Umschlaggestaltung: büro schels für gestaltung, München

Umwelthinweis: Gedruckt auf chlorfrei gebleichtem Papier.

Auflage:	7.	6.	5.	4.	letzte Zahlen
Jahr:	2006	2005	2004	2003	maßgeblich

Satz/Repro: Druckhaus „Thomas Müntzer“, Bad Langensalza
Druck: Druckhaus „Thomas Müntzer“, Bad Langensalza
Printed in Germany • ISBN 3-580-63635-9

Inhalt

Benutzerhinweise

In der Randspalte findest du einige Zeichnungen immer wieder:

Definition

Merke

Regel

Achtung!

Planfiguren erkennst du in diesem Buch an einem „P" vor der Nummer.

Beispiel: P 39 Figur

Hallo, liebe Schülerin, lieber Schüler,

Vorwort

dieses Buch habe ich als Band 1 der Geometrie für die 9. und 10. Klasse der weiterführenden Schulen geschrieben. Es ist damit auch die „Fortsetzung" der beiden Bände für die 7. und 8. Klasse. Da ich aber nicht davon ausgehe, dass du diese ersten beiden Teile durchgearbeitet hast, erkläre ich hier noch einmal die Besonderheiten dieser mentor Lernhilfen:

Das Buch soll nicht dein Schulbuch oder den Unterricht ersetzen. Es ist vielmehr als Hilfe gedacht, wenn du deine Wissenslücken auffüllen willst. Vorsichtshalber setze ich dein Interesse an der Mathematik als gering voraus und stelle mich darauf ein, dass die Antriebskraft fürs Weiterlernen und -lesen meist schlechte Noten sind. Um zu verhindern, dass du über dem Buch vor Langeweile einschläfst, habe ich mir folgende Gedanken gemacht:

- Lernen (von Dingen, die mich nicht interessiert haben) hat bei mir nur dann funktioniert, wenn ich den Stoff „in die Hand nehmen" konnte, wenn ich selber damit etwas tun konnte.
- Deshalb findest du in den Hinführungen zu den Regeln viele „unvollständige" Zeichnungen bzw. Konstruktionen, die du ergänzen sollst.
- Und aus demselben Grund tauchen in diesem Buch ständig .... Lücken auf, in die du die fehlenden Wörter oder Zahlen einsetzen sollst.
- Daneben triffst du beim Lesen häufig auf Gegensatzpaare (zum Beispiel *innerhalb/außerhalb*), die schräg (*kursiv*) gedruckt sind. Du sollst dich entscheiden und eines der Wörter durchstreichen!

Damit wollte ich zwei Ziele erreichen:

➡ Du kannst die Seiten nicht einfach durchlesen, sondern musst ständig kontrollieren, ob du verstehst, wovon die Rede ist.

➡ Gleichzeitig hoffe ich, dass du durch die kleinen Erfolge angeregt wirst weiterzumachen.

Damit dir das Zeichnen leichter fällt, findest du zu einigen Aufgaben in einem getrennten „Zeichnungsteil" Vorlagen, die du heraustrennen und dann bearbeiten kannst. Du brauchst also nicht mit dem Zirkel im Buch herumzupieksen!

Im Lösungsteil findest du die vervollständigten Zeichnungen bzw. Konstruktionen (zum Teil verkleinert) und alle „Lücken- und Streichwörter".

Zu vielen Aufgaben ist nicht nur das Ergebnis, sondern auch der Lösungsweg angegeben.

Mein dringender Rat dazu heißt:
Entscheide, zeichne und rechne *immer* zuerst selbst, bevor du im Lösungsteil nachschaust. Ergänze, streiche und zeichne in Zweifelsfällen mit Bleistift – dann kannst du korrigieren!

Du lernst viel durch eine selbstständige Korrektur! –
Du lernst wenig, wenn du nur den Lösungsteil in dieses Buch überträgst!

Da ich nicht weiß, ob du das ganze Buch durcharbeiten wirst, habe ich ein ausführliches Stichwortverzeichnis zusammengestellt. Dort kannst du die Stoffgebiete heraussuchen, die dir Schwierigkeiten machen.

Dabei sollst du ruhig auch deine eigenen Schwerpunkte setzen und die Teile besonders gründlich durcharbeiten, die in deinem Mathematikunterricht eine wichtige Rolle gespielt haben.

Die mathematischen Beweise, die du bereits aus der 8. Klasse kennst, spielen auch in diesem Band eine wichtige Rolle. Vielleicht macht es dir ja sogar Spaß, die Gedankenschritte nachzuvollziehen und dabei das Argumentieren zu üben. Entscheide selbst, welche Beweise für dich wichtig sind, und arbeite diese besonders sorgfältig durch.

Neben den Beweisen sind wieder Konstruktionen und Berechnungen besonders wichtig; dabei findest du manchmal Hinweise auf einen der Vorgängerbände oder auch auf den entsprechenden Algebraband. Dort kannst du dir wichtige Zusatzinformationen holen.

Für die Arbeit mit dem Buch wünsche ich dir Ausdauer und für dein Abschneiden in der Schule wünsche ich dir viel Erfolg!

Rolf Baumann

Übrigens …
ab Seite 110 findest du einige Tipps und Tricks zum Lernen.
Schau doch mal rein!

Zentrische Streckung und Strahlensätze

A

In den vorausgegangenen Schuljahren hast du in Geometrie bereits verschiedene Abbildungen kennen gelernt. Hier zur Erinnerung die Kurzschreibweisen für die Abbildungen:

- $P \stackrel{a}{\longmapsto} P'$; lies: Punkt P wird auf Punkt P' abgebildet durch eine …………………… an der …………………… a.
- $P \stackrel{Z}{\longmapsto} P'$; lies: Punkt P wird auf Punkt P' abgebildet durch eine …………………… am …………………… Z.
- $P \stackrel{D;\,\varphi}{\longmapsto} P'$; lies: Punkt P wird auf Punkt P' abgebildet durch eine …………………… um den …………………… D und mit dem …………………… φ.

Alle drei Abbildungen gehören zur Gruppe der **Kongruenzabbildungen**; und für alle Kongruenzabbildungen gilt:

- Alle Strecken und ihre zugehörigen Bildstrecken sind …………………….
- Alle Winkel und ihre zugehörigen Bildwinkel sind …………………….

Deshalb ist auch jede Figur …………………… zu ihrer Bildfigur.

1. Die zentrische Streckung

Jetzt lernst du eine weitere Abbildungsart kennen, die sich aber nicht mehr unter der Überschrift „Kongruenzabbildung“ einordnen lässt.

Bevor wir die Vorschrift für die Ausführung einer zentrischen Streckung festlegen und die zugehörigen Konstruktionen und Eigenschaften kennen lernen, betrachten wir zwei Beispiele. Du wirst dabei sehen, das die zentrische Streckung eine Abbildung ist, der wir im täglichen Leben ständig begegnen.

Beispiel **Lichtbilder**

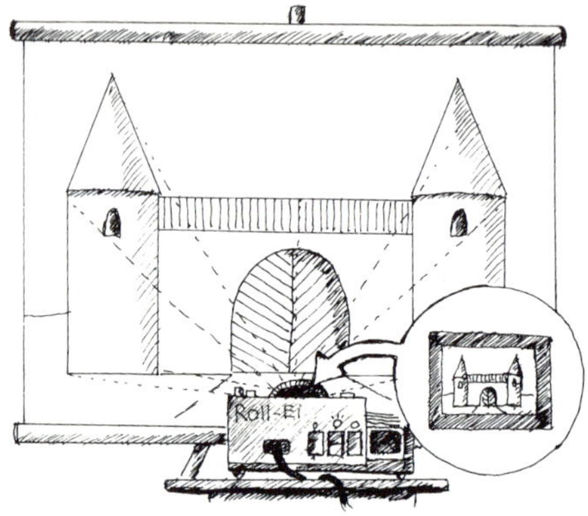

Mithilfe eines Projektors können die kleinen Bilder auf Diapositiven auf einer Leinwand stark vergrößert betrachtet werden.
Überlege, wie sich in diesem Beispiel die Längen und die Winkel auf dem kleinen Dia und auf der Leinwand zueinander verhalten.

Beispiel **Grundriss**

Auf dem Grundriss einer Wohnung bzw. eines Hauses erkennst du die Einteilung der Zimmer und zum Teil auch schon – schematisch angedeutet – die Einrichtung der Räume.

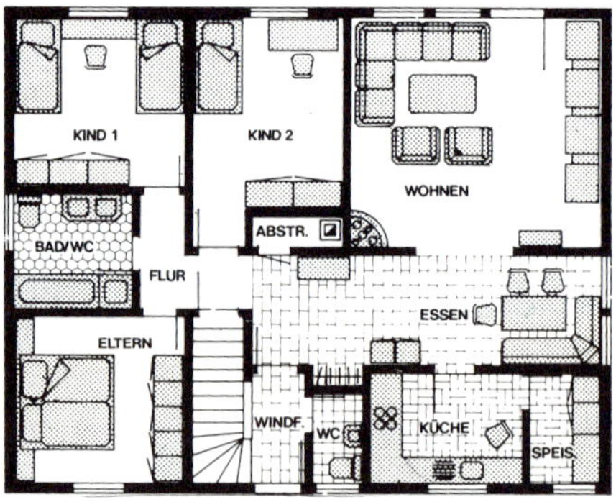

Die Winkel, die im Grundriss auftreten, stimmen mit den Winkeln in der Wirklichkeit überein.
Die Längen, die du dem Plan entnehmen kannst, musst du dagegen erst umrechnen, um zu den wahren Längen zu kommen.

Mithilfe des angegebenen Maßstabes kannst du zum Beispiel die reale Länge eines Zimmers berechnen. Bei einem Maßstab von $1:100$ entspricht beispielsweise eine Länge von 4 cm im Plan einer Länge von $4\text{ cm} \cdot 100 = 400\text{ cm} = 4\text{ m}$ in der Wirklichkeit.

- In beiden Beispielen werden zwar die *Längen / Winkel* verändert, aber die *Längen / Winkel* bleiben erhalten.

Die in den Beispielen auftretende Verkleinerung bzw. Vergrößerung ebener Figuren wird durch eine Abbildung bewirkt, die **zentrische Streckung** heißt.
Dabei wird vom so genannten **Streckungszentrum** aus jede Strecke im selben Verhältnis verlängert bzw. verkürzt; die Verhältniszahl heißt **Streckungsfaktor**.

Die Kurzschreibweise für die zentrische Streckung lautet:

- $P \overset{Z;\,k}{\longmapsto} P'$; lies: Punkt P wird auf Punkt P' abgebildet durch eine zentrische Streckung am Zentrum Z mit dem Streckungsfaktor k.

Wenn bei einer zentrischen Streckung das Streckungszentrum Z und der Streckungsfaktor k gegeben sind, kann man zu jedem Punkt P den zugehörigen Bildpunkt P' konstruieren.

Damit wir die zentrische Streckung durchführen und die Bildpunkte finden können, gelten folgende *Abbildungsvorschriften*:

- Der Punkt $P = Z$ der Zeichenebene bleibt bei der zentrischen Streckung fest; man sagt auch: Das Zentrum Z wird auf sich selbst abgebildet. ($Z' = Z$)

Jedem Punkt $P \neq Z$ der Ebene wird durch die folgenden Vorschriften genau ein Bildpunkt P' zugeordnet:

- Die Punkte Z, P und P' liegen auf einer Geraden.
- Für die Streckenlängen gilt:
  Länge der Bildstrecke $\overline{ZP'}$ gleich $|k|$-mal Länge der Urbildstrecke $\overline{ZP}$.

  $\overline{ZP'} = |k| \cdot \overline{ZP}$, mit $k \in \mathbb{Q} \setminus \{0\}$ bzw. $k \in \mathbb{R} \setminus \{0\}$

  (Nimm die Zahlmenge, die du in der Schule bereits kennen gelernt hast, also die rationalen bzw. die reellen Zahlen – jeweils ohne die Null.)

1.1 Streckungsfaktoren

Zum Kennenlernen führen wir jetzt gemeinsam eine zentrische Streckung durch, zu der wir nur Lineal, Zirkel und Bleistift brauchen.

Konstruiere in Figur 1 zu den Punkten P und Q die zugehörigen Bildpunkte P' und Q' mit: Beispiel

$P \overset{Z;\,k=2}{\longmapsto} P'$; $\quad Q \overset{Z;\,k=2}{\longmapsto} Q'$

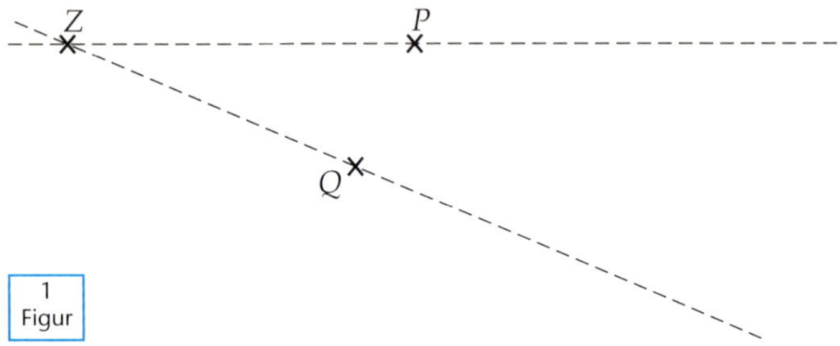

1
Figur

In Figur 1 ist bereits die Gerade ZP gestrichelt eingezeichnet, denn P' muss laut Abbildungsvorschrift auf dieser Geraden liegen

Der **positive Streckungsfaktor** $k = 2$ bedeutet, dass die Strecke $\overline{ZP'}$ doppelt so lang ist wie die Strecke $\overline{ZP}$.

➡ Stich deshalb mit dem Zirkel im Punkt P ein. Greife die Länge der Strecke $\overline{ZP}$ ab und trage diese Länge über P hinaus auf der Geraden ZP an. Bezeichne den neu entstandenen Punkt mit P'.

Konstruiere nun noch den Bildpunkt Q' nach folgendem Schema:

➡ Zeichne in die Figur 1 die Gerade ZQ gestrichelt ein.

➡ Stich mit dem Zirkel in Q ein, greife die Länge der Strecke $\overline{ZQ}$ ab und trage diese Länge über Q hinaus auf der Geraden ZQ an. Bezeichne den neu entstandenen Punkt mit Q'.

Bereits aus Figur 1 kannst du wichtige Abbildungseigenschaften der zentrischen Streckung ablesen. Verbinde dazu – mit Farbe – die Punkte P und Q sowie die Punkte P' und Q'.

Ergänze folgende Sätze:

- Bildstrecke $[P'Q']$ und Urbildstrecke $[PQ]$ verlaufen .... zueinander; kurz: $[P'Q'] \parallel [PQ]$
- Die Bildstrecke $\overline{P'Q'}$ ist .... so lang wie die Urbildstrecke $\overline{PQ}$; kurz: $\overline{P'Q'} = \ldots\ldots \cdot \overline{PQ}$

Aufgaben

A1 Gegeben sind die Punkte $Z\,(1\,|\,2)$, $A\,(1\,|\,5)$, $B\,(3\,|\,4)$ und $C\,(3\,|\,5)$.
Zeichne in die Figur 2 das $\triangle ABC$ sowie das $\triangle A_1B_1C_1$ mit:

$\triangle ABC \xmapsto{Z;\,k=3} \triangle A_1B_1C_1$

Im Zeichnungsteil findest du das Koordinatensystem für Figur 2; diese Figur benötigst du noch für einige der folgenden Aufgaben.

Lösungshilfe:
Trage in die Figur 2 zunächst die gegebenen Punkte ein und zeichne das Dreieck ABC. Zeichne nun gestrichelt die Gerade ZA und trage von Z aus die Strecke $\overline{ZA}$ dreimal in Richtung A ab.

Der gefundene Punkt ist A_1. Verfahre bei B und C entsprechend, finde B_1 und C_1 und zeichne das Bilddreieck $\triangle A_1B_1C_1$.

A2

Zeichne in die Figur 2 auch das $\triangle A_2B_2C_2$ ein mit:

$\triangle ABC \xmapsto{Z;\,k=0{,}5} \triangle A_2B_2C_2$

Hinweis: Da $k = 0{,}5$ ist, liegt ein Bildpunkt genau in der Mitte zwischen Z und seinem Urbild.

In den bisher behandelten Aufgaben und Beispielen waren die Streckungsfaktoren immer positiv. Nun soll geklärt werden, was es bedeutet, wenn eine Streckung mit negativem Faktor durchgeführt wird, zum Beispiel mit $k = -3$.

Das Minuszeichen beim **negativen Streckungsfaktor** hat eine besondere Bedeutung:

- Der Betrag der Bildstrecke ist dreimal so lang wie die Länge der Urbildstrecke (wie bisher bei $k = +3$).
- Da k jetzt aber *negativ* ist, liegt das Zentrum *zwischen* Punkt und Bildpunkt.

Beispiel

Konstruiere zu den Punkten P und Q die zugehörigen Bildpunkte P' und Q' mit:

$P \xmapsto{Z;\,k=-3} P'$

$Q \xmapsto{Z;\,k=-3} Q'$

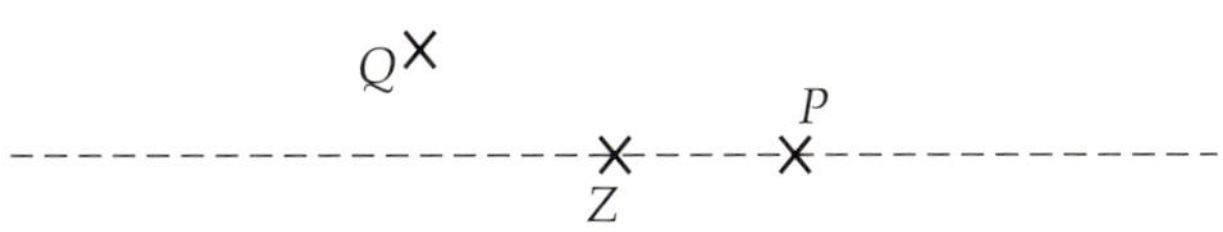

3
Figur

Hinweise:
In Figur 3 ist bereits die Gerade ZP gestrichelt eingezeichnet, denn P' muss laut Abbildungsvorschrift auf jeden Fall auf dieser Geraden liegen.
Der Streckungsfaktor $k = -3$ bedeutet (wie oben bereits erwähnt), dass die Strecke $\overline{ZP'}$ dreimal so lang ist wie die Strecke $\overline{ZP}$.

➡ Stich nun mit dem Zirkel in Z ein, greife die Länge der Strecke $\overline{ZP}$ ab und trage diese Länge nach der anderen Seite hin dreimal auf der gestrichelten Geraden ab. Bezeichne den neu entstandenen Punkt mit P'.

Konstruiere noch den Bildpunkt Q' nach demselben Schema:

➡ Zeichne in die Figur 3 die Gerade ZQ gestrichelt ein.

➡ Stich mit dem Zirkel in Z ein, greife die Länge der Strecke .... ab und

trage diese Länge nach der anderen Seite ....-mal auf der Geraden ZQ an.
Bezeichne den neu entstandenen Punkt mit Q'.

Verbinde nun wieder – mit Farbe – die Punkte P und Q sowie die Punkte P' und Q'. Auch für den *negativen Streckungsfaktor* -3 gilt:

- Bildstrecke $[P'Q']$ und Urbildstrecke $[PQ]$ verlaufen *parallel/nicht parallel* zueinander.
- Die Bildstrecke $\overline{P'Q'}$ ist .... so lang wie die Urbildstrecke $\overline{PQ}$.

Allgemein ausgedrückt lautet dieser Satz:

- Die Bildstrecke $\overline{P'Q'}$ ist $|k|$-mal so lang wie die Urbildstrecke $\overline{PQ}$.

  (Die Betragsstriche sind bei negativen Streckungsfaktoren notwendig, da eine Strecke zwar dreimal, aber nicht minus-dreimal so lang wie eine andere Strecke sein kann.)

Aufgabe A3 Zeichne in die Figur 2 auch das $\triangle A_3B_3C_3$ ein mit:

$\triangle ABC \xmapsto{Z;\,k=-2} \triangle A_3B_3C_3$

1.2 Abbildungseigenschaften

Wenn du dir nun die Figur 2 genau ansiehst und die gezeichneten Dreiecke miteinander vergleichst, fallen dir sicher einige Abbildungseigenschaften auf und du kannst die folgenden Sätze ergänzen, die sowohl für positive als auch für negative Streckungsfaktoren gelten:

Bildstrecke und Urbildstrecke verlaufen .... zueinander.

Jeder Winkel des Urbildes wird in einen .... Winkel abgebildet; die Abbildungen sind **winkeltreu**.

Jede Bildstrecke ist $|k|$-*mal so lang* wie die Urbildstrecke.

Setze nun die abgelesenen Längen der Dreiecksseiten von Figur 2 ins Verhältnis zueinander:

$$\frac{a}{b} = \frac{1\,\text{cm}}{2\,\text{cm}} = \frac{1}{2}$$

$$\frac{a_1}{b_1} = \frac{\ldots\ldots\ \text{cm}}{\ldots\ldots\ \text{cm}} = \frac{1}{\ldots\ldots} \qquad \frac{a_2}{b_2} = \frac{\ldots\ldots\ \text{cm}}{\ldots\ldots\ \text{cm}} = \frac{\ldots\ldots}{\ldots\ldots} \qquad \frac{a_3}{b_3} = \frac{\ldots\ldots\ \text{cm}}{\ldots\ldots\ \text{cm}}$$

Die Vermutung, die sich hieraus ergibt, gilt allgemein:

Verhältnistreue

Die Längen einander entsprechender Strecken stehen beim Urbild und bei den Bildfiguren jeweils im .... Verhältnis.
Anders formuliert:

> Das *Längenverhältnis* der Bildstrecken $\frac{a_1}{b_1}$ ist gleich dem Längenverhältnis der Urbildstrecken $\frac{a}{b}$.

Beachte:
Diese Abbildungseigenschaft ergibt sich auch direkt aus der Abbildungsvorschrift:

Mit $a_1 = |k| \cdot a$ und $b_1 = |k| \cdot b$ gilt: $\frac{a_1}{b_1} = \frac{\cancel{|k|} \cdot a}{\cancel{|k|} \cdot b} = \frac{a}{b}$

Vergleiche nun noch den Umlaufsinn der Bilddreiecke mit dem Umlaufsinn des Dreiecks $\triangle ABC$:

- Bei der zentrischen Streckung ist der Umlaufsinn bei der Urfigur und den Bildfiguren ....

Berechne mithilfe der abgelesenen Seitenlängen die Flächeninhalte der Dreiecke:

Urfläche: $\frac{a \cdot b}{2} = \frac{1\,\text{cm} \cdot 2\,\text{cm}}{2} = 1\,\text{cm}^2$

Fläche bei $k = 3$: $\frac{a_1 \cdot b_1}{2} = \frac{\text{.......... cm} \cdot \text{.......... cm}}{2} = \text{..........}\,\text{cm}^2$

Fläche bei $k = \frac{1}{2}$: $\frac{a_2 \cdot b_2}{2} = \frac{\text{.......... cm} \cdot \text{.......... cm}}{2} = \text{..........}\,\text{cm}^2$

Fläche bei $k = -2$: $\frac{a_3 \cdot b_3}{2} = \frac{\text{.......... cm} \cdot \text{.......... cm}}{2} = \text{..........}\,\text{cm}^2$

Auch dieser Zusammenhang gilt allgemein:

- Um den Flächeninhalt der Bildfigur zu erhalten, muss der Flächeninhalt der Urfigur mit .... multipliziert werden.

Beachte:
Diese Abbildungseigenschaft ergibt sich zum Beispiel für Dreiecksflächen auch so:

Mit $A = \frac{g \cdot h}{2}$ gilt: $A' = \frac{g' \cdot h'}{2} = \frac{|k| \cdot g \cdot |k| \cdot h}{2} = k^2 \cdot \frac{g \cdot h}{2} = k^2 \cdot A$

Die Betragsstriche können entfallen, denn es gilt allgemein: $|k|^2 = k^2$

Die folgende Behauptung kannst du dir anhand eines Beispiels klarmachen:

- Eine zentrische Streckung ist nach Vorgabe der drei Punkte Zentrum Z, Urpunkt P ($P \neq Z$) und Bildpunkt P' eindeutig festgelegt.

Beispiel

Gegeben sind die Punkte Z, P und P'.
Konstruiere den zum Punkt Q gehörenden Bildpunkt Q' mit:

$$Q \xmapsto{Z;\, k=\frac{\overline{ZP'}}{\overline{ZP}}} Q'$$

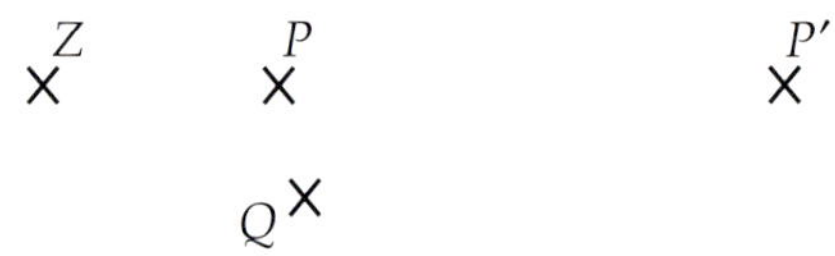

4
Figur

Bei der Konstruktion benützen wir zwei bereits bekannte Eigenschaften:

1. Q' liegt auf der Geraden ....
   ➡ Zeichne gestrichelt die Gerade ZQ in Figur 4 ein.
2. Da jede Bildstrecke .... zur Urstrecke verläuft, liegt Q' auf der Parallelen zu PQ durch den Punkt ....
   ➡ Zeichne die Parallele zu PQ durch den Punkt P' und bezeichne ihren Schnittpunkt mit der Geraden ZQ mit Q'.

Aufgaben

A4 In Figur 5 (bei den Zeichnungsvorlagen) sind die Punkte Z, A, A' und B gegeben.

a) Konstruiere den Bildpunkt B' mit: $B \xmapsto{Z;\, k=\frac{\overline{ZA'}}{\overline{ZA}}} B'$

b) Gib die richtige Aussage für den Streckungsfaktor k an: $k < 0 / k > 0$

A5 Gegeben sind die Punkte: $A\,(-5\,|\,1)$, $B\,(4\,|\,1)$, $C\,(-2\,|\,7)$, $A'\,(1\,|\,-3)$, $Z\,(4\,|\,-5)$

a) Konstruiere in Figur 6 das $\triangle A'B'C'$ mit $\triangle ABC \xmapsto{Z;\, k=\frac{\overline{ZA'}}{\overline{ZA}}} \triangle A'B'C'$.
(Figur 6 findest du bei den Zeichnungvorlagen.)

b) Nur eine der folgenden vier Möglichkeiten kann zutreffen. Streiche die anderen.

Für den Streckungsfaktor gilt: $k = -3$; $k = -\frac{1}{3}$; $k = \frac{1}{3}$; $k = 3$

c) Lies aus Figur 6 die Längen der Strecken ab und berechne die Fläche des $\triangle ABC$.

Mit $c =$ .... cm und $h_c =$ .... cm gilt:

$$\text{Fläche}_{\triangle ABC} = \frac{c \cdot h_c}{2} = \frac{\text{......... cm} \cdot \text{......... cm}}{2} = \text{................ cm}^2$$

d) Die Fläche des Bilddreiecks $\triangle A'B'C'$ kannst du aus deinen Ergebnissen von b) und c) folgern:

$$\text{Fläche}_{\triangle A'B'C'} = \ldots\ldots \cdot \text{Fläche}_{\triangle ABC} = \ldots\ldots \cdot \ldots\ldots\ \text{cm}^2 = \ldots\ldots\ \text{cm}^2$$

e) Die Fläche des Bilddreiecks $\triangle A'B'C'$ kannst du natürlich auch direkt mit den Maßen, die du aus Figur 6 abliest, berechnen:

$$\text{Fläche}_{\triangle A'B'C'} = \frac{c' \cdot h_{c'}}{2} = \frac{\ldots\ldots\ \text{cm} \cdot \ldots\ldots\ \text{cm}}{2} = \ldots\ldots\ \text{cm}^2$$

In Figur 7 (Zeichnungvorlage) sind die Punkte P, Q, P', Q' sowie R gegeben. **A 6**

a) Bestimme das Zentrum Z der zentrischen Streckung mit $P \xmapsto{Z;\,k} P'$ und $Q \xmapsto{Z;\,k} Q'$.

b) Konstruiere den Bildpunkt R' mit $R \xmapsto{Z;\,k = \frac{\overline{ZP'}}{\overline{ZP}}} R'$.

Als kurze Wiederholung hier die Definitionen der *Fixelemente* (vergleiche ML 625, Abschnitt B 2).

- Punkte, die bei einer Abbildung auf sich selbst abgebildet werden, heißen **Fixpunkte**.
- Geraden, die bei einer Abbildung auf sich selbst abgebildet werden, heißen **Fixgeraden**.
- Wenn alle Punkte einer Geraden Fixpunkte sind, heißt diese Gerade **Fixpunktgerade**.

Gegeben sei: $Z\,(3\,|\,5)$, $P\,(5\,|\,2)$, $Q\,(1\,|\,4)$ **Beispiel**

a) Zeichne in die Figur 8 (Zeichnungsvorlage) die Geraden g und h ein mit:
$Z \in g$; $P \in g$
$P \in h$; $Q \in h$

b) Zeichne in die Figur 8 die Geraden g' mit $g \xmapsto{Z;\,k=2} g'$.

Hinweis:
Bilde den Punkt P und einen weiteren Punkt auf der Geraden ab und zeichne die Bildgerade durch die beiden Bildpunkte.

c) Zeichne in die Figur 8 die Gerade h' mit $h \xmapsto{Z;\,k=2} h'$.

d) Zeichne in die Figur 8 die Gerade g'' mit $g \xmapsto{Z;\,k=-2} g''$.

e) Zeichne in die Figur 8 die Gerade h'' mit $h \xmapsto{Z;\,k=-2} h''$.

Als Schlussfolgerungen aus dem Beispiel von der Vorseite ergeben sich folgende Sätze:

Für die zentrische Streckung gilt, falls $k \in \mathbb{R} \setminus \{0;\ 1\}$:

- Das Zentrum ist der einzige Fixpunkt.
- Es gibt keine *Fixgeraden / Fixpunktgeraden.*
- Alle Geraden durch das Zentrum sind *Fixgeraden / Fixpunktgeraden.*

Sonderfälle

- Für den Streckungsfaktor $k =$ .... wird jeder Punkt auf sich selbst abgebildet.
  Dieser Sonderfall heißt **Identität**.
- Für den Streckungsfaktor $k = -1$ ergibt sich eine Abbildung, die du bereits früher unter dem Namen .... bzw. .... kennen gelernt hast. (vergleiche ML 625, Abschnitt E 3.2).

  Mache dir diesen Sonderfall einer zentrischen Streckung an folgendem Beispiel klar:

Beispiel

In der Zeichnungsvorlage Figur 9 sind das Dreieck $\triangle ABC$ sowie das Zentrum Z gegeben.

a) Konstruiere das Dreieck $\triangle A'B'C'$ mit $\triangle ABC \xmapsto{Z;\, k=-1} \triangle A'B'C'$.

b) Bei dieser zentrischen Streckung sind Urstrecke und Bildstrecke jeweils .... lang; daher ist diese Abbildung eine ....abbildung.
(Das kannst du nachlesen im Abschnitt A 6 von Band ML 625.)

Folgerung:
Wenn der Streckungsfaktor k bekannt ist, lassen sich Aussagen über die Flächeninhalte A der Urfigur und A' der Bildfigur sowie über die Lage der Punkte P und P' bezüglich Z machen.

Benenne in der folgenden Tabelle die richtigen Zuordnungen und kreuze in jeder Zeile höchstens zwei Spalten an. (In einem Fall kannst du nur ein Kreuz setzen.)

	Für die Flächeninhalte gilt:			Entscheide, ob das Zentrum, der Punkt oder der Bildpunkt zwischen den jeweils anderen Punkten liegt:		
	$A > A'$	$A < A'$	$A = A'$	$P - Z - P'$	$Z - P - P'$	$Z - P' - P$
$k > 1$						
$k = 1$						
$0 < k < 1$						
$-1 < k < 0$						
$k = -1$						
$k < -1$						

1.3 Zweifachstreckungen

In diesem Abschnitt werden zwei zentrische Streckungen hintereinander ausgeführt und die Gesetzmäßigkeiten der zusammengesetzten Abbildung besprochen.

Beispiel

a) Erstelle auf einem Extrablatt ein Koordinatensystem mit: x-Achse von -1 bis $+11$, y-Achse von -8 bis $+8$

Markiere die Punkte $Z\,(2\,|\,7{,}5)$, $A\,(1{,}5\,|\,5)$, $B\,(3{,}5\,|\,6)$ und $C\,(1{,}5\,|\,6)$ im Koordinatensystem und zeichne das Dreieck $\triangle ABC$.

b) Lies die Längen der Dreiecksseiten ab und bestimme den Inhalt der Dreiecksfläche:

$a =$ .... cm, $b =$ .... cm; $\text{Fläche}_{\triangle ABC} =$ .... cm^2

c) Zeichne $\triangle A'B'C'$ mit: $\triangle ABC \xmapsto{Z;\ k'=2} \triangle A'B'C'$

d) Lies die Längen der Dreiecksseiten ab und bestimme den Inhalt der Dreiecksfläche:

$a' =$ .... cm, $b' =$ .... cm; $\text{Fläche}_{\triangle A'B'C'} =$ .... cm^2

e) Zeichne $\triangle A''B''C''$ mit: $\triangle A'B'C' \xmapsto{Z;\ k''=3} \triangle A''B''C''$

f) Lies die Längen der Dreiecksseiten ab und bestimme den Inhalt der Dreiecksfläche:

$a'' =$ .... cm, $b'' =$ .... cm; $\text{Fläche}_{\triangle A''B''C''} =$ .... cm^2

g) Überprüfe mit den gerade erhaltenen Seitenlängen die Gültigkeit der Gleichung:

$s'' = |k''| \cdot s' = |k'' \cdot k'| \cdot s$

$a'' =$ .... $\cdot\, a' =$ .... $\cdot$ .... $\cdot\, a =$ .... $\cdot$ .... cm $=$ .... cm

$b'' =$ .... $\cdot\, b' =$ .... $\cdot$ .... $\cdot\, b =$ .... $\cdot$ .... cm $=$ .... cm

h) Entwickle anhand des Zahlenbeispiels die allgemeine Formel für den Flächeninhalt bei einer Zweifachstreckung:

$\text{Fläche}_{\triangle ABC}$ = ... cm^2

$\text{Fläche}_{\triangle A'B'C'}$ = ... cm^2 = ... $\cdot$ $\text{Fläche}_{\triangle ABC}$

$\text{Fläche}_{\triangle A''B''C''}$ = ... cm^2 = ... $\cdot$ $\text{Fläche}_{\triangle A'B'C'}$ =

= .... $\cdot$ .... $\cdot$ $\text{Fläche}_{\triangle ABC}$

Allgemein gilt:

- Strecke $s'' = |k_1 \cdot k_2| \cdot s$
- $\text{Fläche}_{\triangle A''B''C''} = k_1^2 \cdot k_2^2 \cdot \text{Fläche}_{\triangle ABC}$ bzw.

  $\text{Fläche}_{\triangle A''B''C''} = (k_1 \cdot k_2)^2 \cdot \text{Fläche}_{\triangle ABC}$

- Die **Verkettung** – man sagt auch **Hintereinanderausführung** – zweier zentrischer Streckungen mit dem gleichen Zentrum Z ist wieder eine zentrische Streckung mit dem Zentrum ....
- Der Streckungsfaktor der Verkettung zweier zentrischer Streckungen mit dem gleichen Zentrum Z und den Faktoren k_1 und k_2 ergibt sich als .... von k_1 und k_2.

Aufgabe A7

a) Erstelle auf einem Extrablatt ein Achsenkreuz mit:
x-Achse von 0 bis +11, y-Achse von 0 bis +19

Markiere die Punkte $A\,(1|1)$, $B\,(5|1)$, $C\,(2|4)$ und $Z\,(4|7)$ und zeichne das Dreieck $\triangle ABC$.

b) Zeichne das Dreieck $\triangle A'B'C'$ mit $\triangle ABC \xmapsto{Z;\, k_1 = 0{,}5} \triangle A'B'C'$.

c) Zeichne das Dreieck $\triangle A''B''C''$ mit $\triangle A'B'C' \xmapsto{Z;\, k_2 = -4} \triangle A''B''C''$.

d) Bestimme: $\text{Fläche}_{\triangle ABC}$ = ... cm^2

e) Bestimme: $\text{Fläche}_{\triangle A''B''C''}$ = ... cm^2

f) Überprüfe deine Ergebnisse, indem du die konkreten Zahlen in die allgemeine Gleichung einsetzt:

$$\text{Fläche}_{\triangle A''B''C''} = k_1^2 \cdot k_2^2 \cdot \text{Fläche}_{\triangle ABC} =$$

$$= \underbrace{(\ldots\ldots)^2 \cdot (\ldots\ldots)^2}_{} \cdot \ldots\ldots\ cm^2 =$$

$$= \quad \ldots\ldots \quad \cdot \ldots\ldots\ cm^2 = \ldots\ldots\ldots\ cm^2$$

Die Produktformel für die Verkettung von zwei zentrischen Streckungen gilt also auch für negative Streckungsfaktoren. Solche negativen Streckungsfaktoren können wir als Produkt aus zwei Faktoren darstellen. Zum Beispiel können wir statt $k = -3$ auch schreiben:

$$k = 3 \cdot (-1)$$

Diese algebraische Überlegung führt uns zur Zerlegung einer zentrischen Streckung mit negativem Faktor in zwei zentrische Streckungen.

Allgemein können wir formulieren:

Jede zentrische Streckung mit einem negativen Streckungsfaktor $(k < 0)$ kann man auffassen als Verkettung einer zentrischen Streckung mit dem Faktor $k_1 = |k|$ und einer Streckung mit dem Faktor $k_2 =$ .... bzw. als Verkettung einer zentrischen Streckung mit $k_1 = |k|$ und einer Punkt.. an Z.

Für $k < 0$ gilt: $k = |k| \cdot$ ....

1.4 Umkehrabbildung

Die nächste Folgerung kannst du aus dem bisher Gelernten herleiten ohne eine Konstruktion durchführen zu müssen:

Gegeben sei ein Zentrum Z und die Streckungsfaktoren $k_1 = 3$ und $k_2 = \frac{1}{3}$.

Überlege, welche Gesamtabbildung die folgende Zweifachstreckung ergibt:

$$P \xmapsto{Z;\,k_1=3} P' \xmapsto{Z;\,k_2=\frac{1}{3}} P'' = \ldots\ldots$$

Zunächst wird der Punkt P auf der Geraden ZP auf den Punkt P' abgebildet, mit $\overline{ZP'} = 3 \cdot \overline{ZP}$.

- Bildpunkt P' liegt also *näher bei / weiter entfernt von* Z als der Urpunkt P.

Anschließend wird dieser Bildpunkt P' wieder auf der Geraden ZP auf den

Punkt P'' abgebildet, mit $\overline{ZP''} = \frac{1}{3} \cdot \overline{ZP'}$.

- Der zweite Bildpunkt P'' liegt also *näher bei / weiter entfernt von* Z als der erste Bildpunkt P'. Da sich die beiden Streckungen „aufheben", weil das Produkt der beiden Streckungsfaktoren .... ergibt, liegt der Punkt P'' genau auf dem Punkt ....

Algebraisch ausgedrückt: Mit $\overline{ZP'} = 3 \cdot \overline{ZP}$

und $\overline{ZP''} = \frac{1}{3} \cdot \overline{ZP'}$

gilt auch $\overline{ZP''} = \underbrace{\frac{1}{3} \cdot 3}_{} \cdot \overline{ZP} =$

$= 1 \cdot \overline{ZP}$

Damit gilt: $P'' =$ ....

Anders ausgedrückt:
Wenn eine Strecke zunächst verdreifacht wird und anschließend auf ein Drittel verkürzt wird, hat sie die .... Länge wie zu Beginn.

Diese Überlegungen gelten auch für negative Streckungsfaktoren. Überzeuge dich selbst davon anhand des konkreten Beispiels $k_3 = -3$ und $k_4 = -\frac{1}{3}$. Daher können wir eine allgemein gültige Folgerung ziehen:

Gilt bei einer Zweifachstreckung für die Streckungsfaktoren $k_1 = \frac{1}{k_2}$, das heißt, sind k_1 und k_2 ....werte zueinander, so ergibt sich als Gesamtabbildung die ....
(Vergleiche die Sonderfälle im Abschnitt 1.2.)

Aufgabe A8

Bestimme jeweils den Streckungsfaktor k_2, sodass $k_1 \cdot k_2 = 1$ gilt:

a) Für $k_1 = 2$ gilt $k_2 =$ ....

b) Für $k_1 = -\frac{1}{4}$ gilt $k_2 =$ ....

c) Für $k_1 = \frac{2}{3}$ gilt $k_2 =$ ....

d) Für $k_1 = -1{,}25$ gilt $k_2 =$ ....

1.5 Ähnlichkeitssätze

An gemeinsame Kennzeichen der bereits bekannten Abbildungen (Achsenspiegelung, Drehung, Verschiebung und Kombination hiervon) kannst du dich sicher noch erinnern:

- Jede Strecke und ihre zugehörige Bildstrecke sind .... lang.
- Jeder Winkel und sein zugehöriger Bildwinkel sind .... groß.

Der Oberbegriff für die Abbildungen mit diesen beiden Eigenschaften lautet **Kongruenzabbildung**.

Bei der *zentrischen Streckung* (mit $k \neq 0$) gilt:

- Jeder Winkel und sein Bildwinkel sind .... groß.
- Die Längen von je zwei Bildstrecken stehen im .... Verhältnis wie die Längen ihrer Urstrecken.

Der Oberbegriff für zentrische Streckungen und Zusammensetzungen aus Kongruenzabbildungen und zentrischen Streckungen lautet **Ähnlichkeitsabbildungen**.

Eine Figur F_1 heißt **ähnlich** zu einer Figur F_2, wenn sich F_1 durch eine Ähnlichkeitsabbildung auf F_2 abbilden lässt.

In Kurzschreibweise: $F_1 \sim F_2$ (lies: *„F_1 ist ähnlich zu F_2."*)

(Wenn du für die Kurzschreibweise $F_1 \sim F_2$ aus Versehen liest: *„F_1 ist proportional zu F_2"*, so hast du den algebraischen statt des geometrischen Begriffs verwendet; beide Begriffe drücken dasselbe aus.)

Aus dieser Zusammenstellung ergeben sich die beiden **Ähnlichkeitssätze**:

In ähnlichen Figuren sind die entsprechenden Winkel .... groß.

In ähnlichen Figuren stehen die Längen von je zwei entsprechenden Strecken im .... Verhältnis. (*Verhältnistreue*)

Man kann die Ähnlichkeitssätze auch umkehren:

- Wenn die entsprechenden Winkel gleich groß sind, so sind die Figuren ähnlich.
- Wenn alle Verhältnisse von je zwei entsprechenden Strecken gleich sind, so sind die Figuren ähnlich.

Auf den Beweis dieser Sätze verzichten wir hier.

2. Strahlensätze

In diesem Kapitel werden zunächst die Strahlensätze formuliert und bewiesen. Anschließend lösen wir mit ihrer Hilfe wichtige Anwendungsbeispiele.

Die Strahlensätze beziehen sich auf eine Figur, die aus vier Geraden besteht:
Zwei sich schneidende Geraden g und h werden wiederum von zwei *Parallelen* p und p' geschnitten.
Dabei können sich zwei Grundfiguren ergeben, die wir mit denselben Buchstaben bezeichnen.

12a Figur

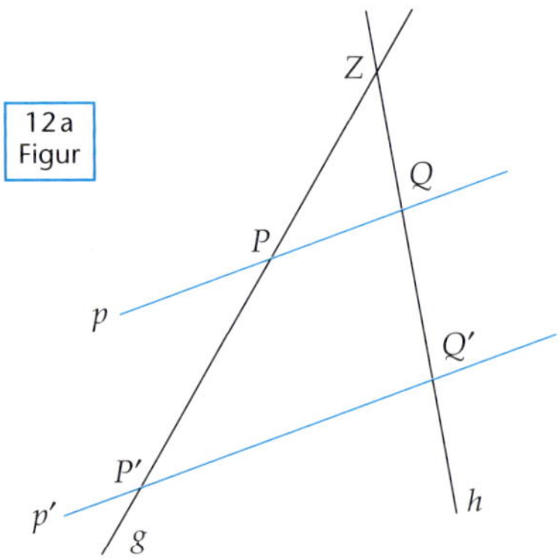

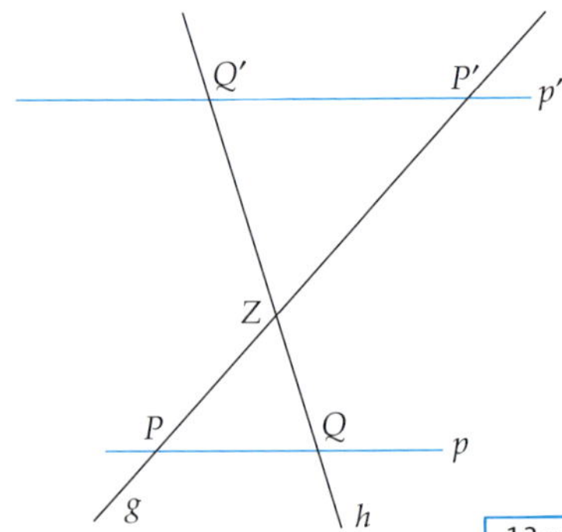

13a Figur

Beide Figuren können wir als Ergebnis einer zentrischen Streckung auffassen. Für die beiden Punkte P und Q gilt:

Figur 12a $\begin{cases} P \xrightarrow{Z;\,k_1>0} P' \\ Q \xrightarrow{Z;\,k_1>0} Q' \end{cases}$

Figur 13a $\begin{cases} P \xrightarrow{Z;\,k_2\,\ldots\ldots\,0} P' \\ Q \xrightarrow{Z;\,k_2\,\ldots\ldots\,0} Q' \end{cases}$

2.1 Der 1. Strahlensatz

Der 1. Strahlensatz beschäftigt sich ausschließlich mit den Streckenverhältnissen auf dem sich schneidenden Geradenpaar.

Regel

Werden zwei sich schneidende Geraden von zwei Parallelen geschnitten, dann verhalten sich die Abschnitte auf der einen Geraden wie die entsprechenden Abschnitte auf der anderen Geraden.
(1. Strahlensatz)

Auf den beiden Geraden gibt es je drei Abschnitte: Auf g liegen die Abschnitte $\overline{ZP}$, $\overline{ZP'}$ und $\overline{PP'}$, auf h liegen die Abschnitte $\overline{ZQ}$, $\overline{ZQ'}$ und $\overline{QQ'}$.

Der Beweis des 1. Strahlensatzes muss in drei Teilen geführt werden, da sich aus den drei Strecken jeweils drei Verhältnisse bilden lassen:

$$\overline{ZP} : \overline{ZP'} \quad \text{sowie} \quad \overline{ZP} : \overline{PP'} \quad \text{und} \quad \overline{ZP'} : \overline{PP'}$$

Bei allen drei Teilen werden wir uns auf ähnliche Dreiecke in den Figuren 12a und 13a stützen.

Um in ähnlichen Dreiecken diejenigen Strecken zu finden, die einander entsprechen, gibt es eine einfache Regel:

Strecken, die einander entsprechen, liegen immer gegenüber von gleich großen Winkeln.

Stütze dich bei den folgenden Beweisen zunächst auf Figur 12a und wiederhole die Überlegungen anschließend an Figur 13a.

Beweis

Behauptung 1 $\frac{\overline{ZP}}{\overline{ZP'}} = \frac{\overline{ZQ}}{\overline{ZQ'}}$

Das kleine $\triangle ZPQ$ ist ähnlich zu dem großen $\triangle ZP'Q'$, da die entsprechenden Winkel gleich groß sind:

$$\triangle ZPQ \sim \triangle ZP'Q'$$

Aus den Ähnlichkeitssätzen wissen wir, dass für je zwei entsprechende Strecken die *Verhältnistreue* gilt (lies nach in Abschnitt A 1.5):

$$\frac{\overline{ZP}}{\overline{ZQ}} = \frac{\overline{ZP'}}{\overline{ZQ'}} \quad \Big| \cdot \overline{ZQ}$$

$$\overline{ZP} = \frac{\overline{ZP'} \cdot \overline{ZQ}}{\overline{ZQ'}} \quad \Big| : \overline{ZP'}$$

$$\frac{\overline{ZP}}{\overline{ZP'}} = \frac{\overline{ZQ}}{\overline{ZQ'}}$$

Damit ist die Behauptung 1 schon bewiesen.

Diese Beweisidee werden wir auch bei den anderen Behauptungen anwenden:
Zunächst wird die Ähnlichkeit von zwei Dreiecken festgestellt (entsprechende Winkel sind jeweils gleich). Dann werden die Strecken des einen Dreiecks ins Verhältnis gesetzt („als Bruch geschrieben"). Als Nächstes werden die entsprechenden Strecken im zweiten Dreieck gesucht und die beiden Verhältnisse als Gleichung geschrieben.

Dafür brauchen wir aber eine Hilfskonstruktion: In Figur 12b auf der nächsten Seite ist noch die Strecke $[PQ'']$ (gestrichelt) gezeichnet, wobei PQ'' parallel zu QQ' verläuft.

Ergänze in Figur 12b die Winkel α, β bzw. γ dort, wo Winkel gleicher Größe erneut auftauchen.

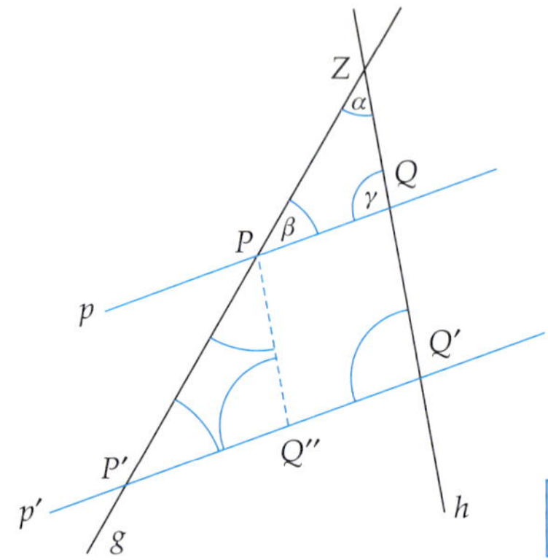

12b
Figur

Behauptung 2 $\frac{\overline{ZP}}{\overline{PP'}} = \frac{\overline{ZQ}}{\overline{QQ'}}$

Mit △ ZPQ ~ △ $PP'Q''$ gilt:

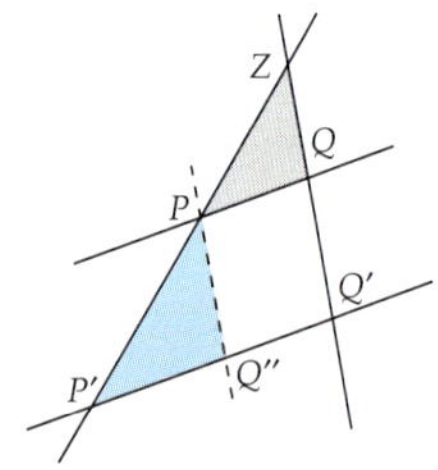

12c
Figur

$$\frac{\overline{ZP}}{\overline{ZQ}} = \frac{\overline{PP'}}{\dots\dots} \qquad | \cdot \overline{ZQ}$$

$$\overline{ZP} = \frac{\overline{PP'} \cdot \dots\dots}{\dots\dots} \qquad | : \overline{PP'}$$

$$\Rightarrow \quad \frac{\overline{ZP}}{\overline{PP'}} = \frac{\dots\dots}{\dots\dots}$$

In dieser letzten Gleichung können wir die Länge $\overline{PQ''}$ durch die Länge $\overline{QQ'}$ ersetzen, denn die beiden Strecken sind im Parallelogramm $PQ''Q'Q$ zwei gegenüberliegende Seiten und damit .... lang.

Damit gilt: $\frac{\overline{ZP}}{\overline{PP'}} = \frac{\dots\dots}{\overline{QQ'}}$, womit die Behauptung 2 bewiesen ist.

Behauptung 3 $\frac{\overline{ZP'}}{\overline{PP'}} = \frac{\overline{ZQ'}}{\overline{QQ'}}$

Mit △ $ZP'Q'$ ~ △ $PP'Q''$ gilt:

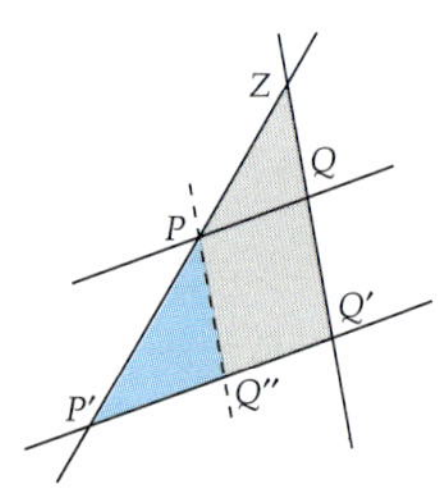

12d
Figur

$$\frac{\overline{ZP'}}{\overline{ZQ'}} = \frac{\dots\dots}{\dots\dots} \qquad | \cdot \overline{ZQ'}$$

$$\overline{ZP'} = \frac{\dots\dots \cdot \overline{ZQ'}}{\dots\dots} \qquad | : \overline{PP'}$$

$$\Rightarrow \quad \frac{\overline{ZP'}}{\overline{PP'}} = \frac{\dots\dots}{\dots\dots}$$

Auch in dieser Gleichung können wir $\overline{PQ''}$ ersetzen durch $\overline{QQ'}$.

Damit gilt: $\frac{\overline{ZP'}}{\overline{PP'}} = \frac{\dots\dots}{\dots\dots}$ Dies ist die Behauptung 3.

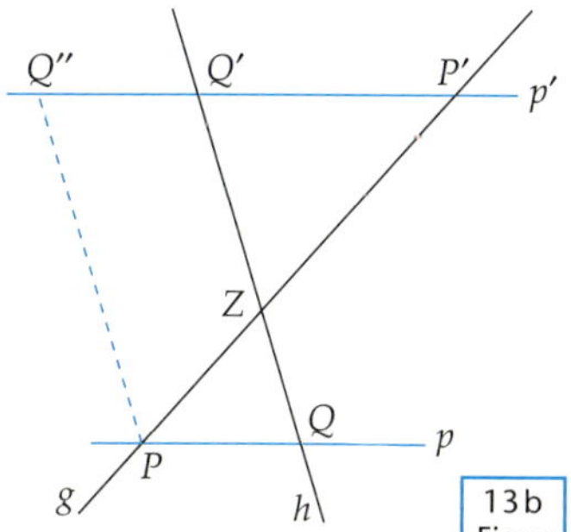

13b Figur

Die Beweise der drei Behauptungen solltest du nun auch anhand der ergänzten Figur 13b nachvollziehen. Mit denselben Streckenbezeichnungen ergeben sich dieselben Begründungen. Beachte aber:

In Figur 12b ergab sich die Winkelgleichheit aus der Gleichheit von Stufenwinkeln, in Figur 13b kommt die Gleichheit von Scheitelwinkeln bzw. von Wechselwinkeln hinzu; siehe dazu ML 626.

2.2 Der 2. Strahlensatz

Auch der 2. Strahlensatz bezieht sich auf die Figuren 12a und 13a; jetzt werden die Abschnitte auf den Parallelen in die Verhältnisgleichungen einbezogen.

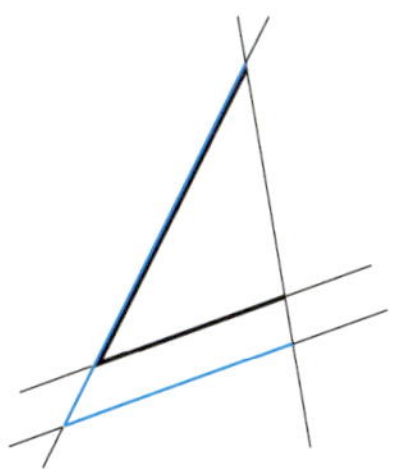

Werden zwei sich schneidende Geraden von zwei Parallelen geschnitten, dann verhalten sich die vom Geradenschnittpunkt Z aus gemessenen Abschnitte auf jeder Geraden wie die entsprechenden Abschnitte auf den Parallelen.
(2. Strahlensatz)

Im 2. Strahlensatz stecken zwei Behauptungen, die wir jetzt beweisen werden: Sowohl die – jeweils von Z aus gemessenen – Abschnitte auf g als auch die Abschnitte auf h stehen im selben Verhältnis wie die Parallelstrecken.

Beweis

Behauptung 1 $\frac{\overline{ZP}}{\overline{ZP'}} = \frac{\overline{PQ}}{\overline{P'Q'}}$

In Worten: Streckenlängen auf g, die von Z aus gemessen werden, verhalten sich wie die Längen der Parallelstrecken.

Mit $\triangle ZPQ \sim \triangle ZP'Q'$ gilt:

$$\frac{\overline{ZP}}{\overline{PQ}} = \frac{\dots\dots}{\dots\dots} \quad | \cdot \overline{PQ}$$

$$\overline{ZP} = \frac{\ldots\ldots \cdot \overline{PQ}}{\ldots\ldots} \quad | : \overline{ZP'}$$

$$\frac{\overline{ZP}}{\ldots\ldots} = \frac{\ldots\ldots}{\ldots\ldots}$$ Dies ist die Behauptung 1.

Behauptung 2 $\dfrac{\overline{ZQ}}{\overline{ZQ'}} = \dfrac{\overline{PQ}}{\overline{P'Q'}}$

In Worten: Streckenlängen auf h verhalten sich wie die Längen der Parallelstrecken.

Hier kannst du entweder die entsprechenden Beweisschritte wie bei Behauptung 1 nachvollziehen oder du verknüpfst die obige Behauptung 1 mit der Behauptung 1 vom 1. Strahlensatz:

1. Strahlensatz: (Behauptung 1) $\dfrac{\overline{ZP}}{\overline{ZP'}} = \dfrac{\overline{PQ}}{\overline{P'Q'}}$

2. Strahlensatz: (Behauptung 1) $\dfrac{\overline{ZP}}{\overline{ZP'}} = \dfrac{\overline{ZQ}}{\overline{ZQ'}}$

$\Rightarrow \dfrac{\overline{ZQ}}{\overline{ZQ'}} = \dfrac{\overline{PQ}}{\overline{P'Q'}}$ { 2. Strahlensatz (Behauptung 2)

Damit sind die beiden Strahlensätze bewiesen. Im Folgenden lernst du Anwendungen der Strahlensätze kennen.

3. Anwendungen der Strahlensätze

3.1 Streckenteilung

Wenn du diese Methode schon kennst (vergleiche ML 626, Abschnitt B1), kannst du gleich im nächsten Abschnitt bei der harmonischen Teilung weiterarbeiten.

Beispiel

Teile die Strecke $[ZA_3]$ in Figur 14 aus den Zeichnungsvorlagen in 3 gleiche Teile.

➡ Zeichne in Figur 14 durch den (beliebigen) Punkt B (mit $B \notin ZA_3$) eine Halbgerade [ZB.

➡ Trage auf der Halbgeraden $[ZB$ von Z aus drei *gleich lange* Strecken von beliebiger Länge (zum Beispiel jeweils 2 cm) ab und bezeichne die entsprechenden Punkte mit B_1, B_2 und B_3.
Hier gilt also: $\overline{ZB_1} = \overline{B_1B_2} = \overline{B_2B_3}$

➡ Verbinde nun B_3 gestrichelt mit A_3.

➡ Zeichne sowohl durch B_2 als auch durch B_1 gestrichelt die *Parallelen* zur Strecke $[B_3A_3]$.

Bezeichne die Schnittpunkte dieser Parallelen und der Strecke $[ZA_3]$ entsprechend mit A_2 und A_1.

Diese Punkte A_1 und A_2 sind die gesuchten Punkte, die die gegebene Strecke in drei gleiche Teile teilen.
(Vergleiche jetzt zur Sicherheit deine Zeichnung mit der Zeichnung im Lösungsteil.)

Begründung
Da die entsprechenden Punkte mit Parallelstrecken verbunden sind, besagt der 1. Strahlensatz, dass die Streckenverhältnisse auf den Geraden ZA_3 und ZB_3 gleich sind.
Auf der Geraden ZB_3 sind aber die Teilstrecken jeweils gleich lang:

$\overline{ZB_1} = \overline{B_1B_2} = \overline{B_2B_3}$

Deshalb gilt auf der Geraden ZA_3 auch: $\overline{ZA_1}$ = ... = ...

Aufgaben

A 9

Teile die Strecke $[ZA_5]$ der Figur 15 aus den Zeichnungsvorlagen in fünf gleich lange Abschnitte.

A 10

Trage in Figur 16 (Zeichnungsvorlage) die Punkte $P\,(1\,|\,1)$ und $Q\,(6\,|\,5)$ ein. Teile die Strecke $[PQ]$ in sieben gleiche Abschnitte. (Nütze bei der Konstruktion die Karolinien.)

3.2 Harmonische Teilung

In diesem Abschnitt geht es wieder um Streckenverhältnisse. Die beiden Punkte A und B sind vorgegeben und werden durch weitere Punkte ergänzt. Wenn der ergänzende Punkt *zwischen* A und B liegt, führt dies zu einer ersten Definition.

Liegt T_i auf der Strecke $]AB[$, so heißt T_i **innerer Teilpunkt** der Strecke $[AB]$.

Das Streckenverhältnis $\frac{\overline{AT_i}}{\overline{T_iB}}$ heißt **inneres Teilverhältnis**.

Wenn der ergänzende Punkt zwar auf der Geraden AB liegt, aber *außerhalb* der Strecke $[AB]$, also nicht zwischen A und B, so sprechen die Mathematiker trotzdem von einem Teilpunkt.

Dies führt uns zur zweiten Definition:

Liegt T_a außerhalb der Strecke $[AB]$ auf der Geraden AB, so heißt T_a **äußerer Teilpunkt** der Strecke $[AB]$.

Das Streckenverhältnis $\frac{\overline{AT_a}}{\overline{T_aB}}$ heißt **äußeres Teilverhältnis**.

In Figur 17a sind die beiden Punkte A und B nicht nur durch T_i und T_a, sondern auch noch durch die weiteren Punkte C, D und E ergänzt.

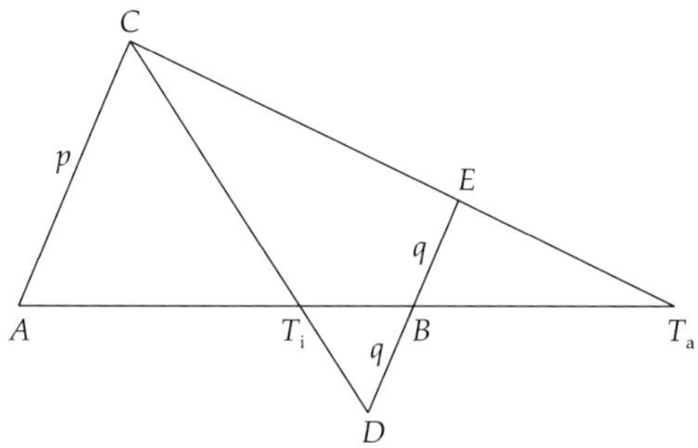

17a Figur

Da AC und DE als Parallelen gezeichnet wurden, solltest du die Grundfiguren der Strahlensätze wiedererkennen (vergleiche die Figuren 13a und 12a).

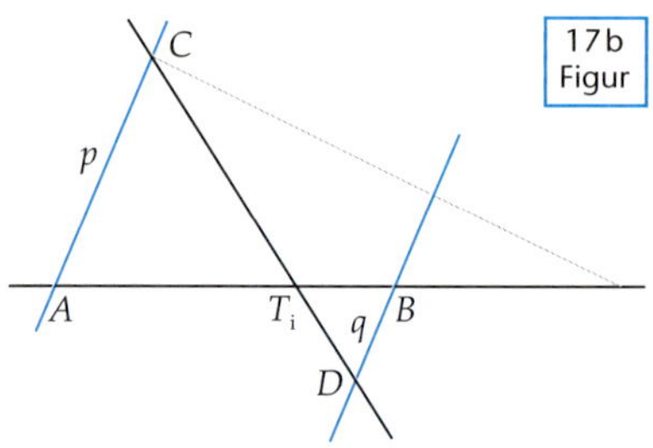

17b Figur

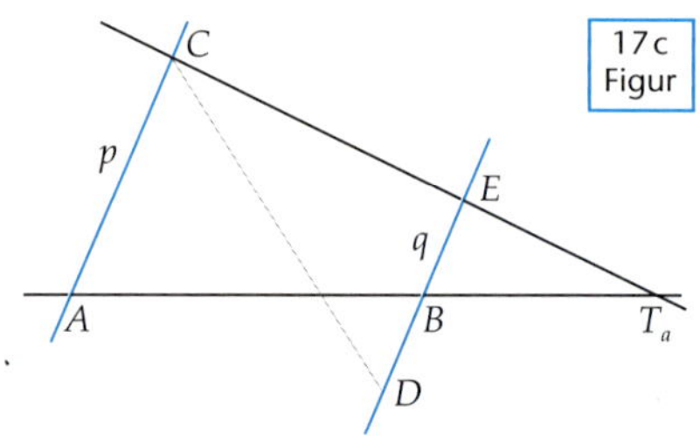

17c Figur

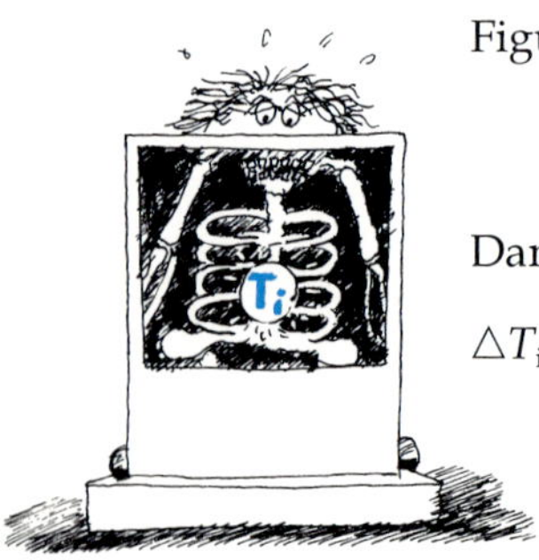

Figur 17a wurde so angelegt, dass gilt:

$AC \parallel DE$

$\overline{AC} = p$

$\overline{BD} = \overline{BE} = q$

Dann gilt auch:

$\triangle T_iAC \sim \triangle T_iBD$ und damit

$$\frac{\overline{AT_i}}{p} = \frac{\dots\dots}{\dots\dots}$$

bzw. $$\frac{\overline{AT_i}}{\overline{T_iB}} = \frac{p}{\dots\dots}$$

$\triangle T_aAC \sim \triangle T_aBE$ und damit

$$\frac{\overline{AT_a}}{p} = \frac{\dots\dots}{\dots\dots}$$

bzw. $$\frac{\overline{AT_a}}{\overline{T_aB}} = \frac{p}{\dots\dots}$$

Die beiden Verhältnisse $\frac{\overline{AT_i}}{\overline{T_iB}}$ und $\frac{\overline{AT_a}}{\overline{T_aB}}$ sind also gleich. Die Strecke $[AB]$ wird durch den Punkt T_i innen und durch den Punkt T_a außen jeweils im gleichen Verhältnis $\frac{p}{q}$ geteilt.

Gegeben seien vier Punkte auf einer Geraden; diese Punkte heißen A, B, T_i und T_a. Dabei liegt T_i zwischen A und B, T_a liegt außerhalb der Strecke $[AB]$.
Wenn die Streckenverhältnisse $\overline{AT_i} : \overline{T_iB}$ und $\overline{AT_a} : \overline{T_aB}$ gleich sind, spricht man von einer **harmonischen Teilung**.

Kurzfassung:

T_i und T_a teilen die Strecke $[AB]$ *harmonisch* $\Leftrightarrow$ $\frac{\overline{AT_i}}{\overline{T_iB}} = \frac{\overline{AT_a}}{\overline{T_aB}}$

Der Begriff „harmonische Teilung“ stammt aus der Musiklehre: Wenn auf einer Saite die Punkte T_i und T_a die Stecke $[AB]$ *harmonisch teilen* (vergleiche die Zeichnung), kann man auf dieser Saite 3 Töne erzeugen, die „harmonisch“ zueinander passen:
In ihrer vollen Länge, also auf der Strecke $[AT_a]$, liefert die Saite den Grundton. Wird sie bei B gedrückt, entsteht auf der Strecke $[AB]$ die Terz dazu, und die Quinte erhält man auf der Strecke $[AT_i]$ durch Abgreifen der Saite bei T_i.

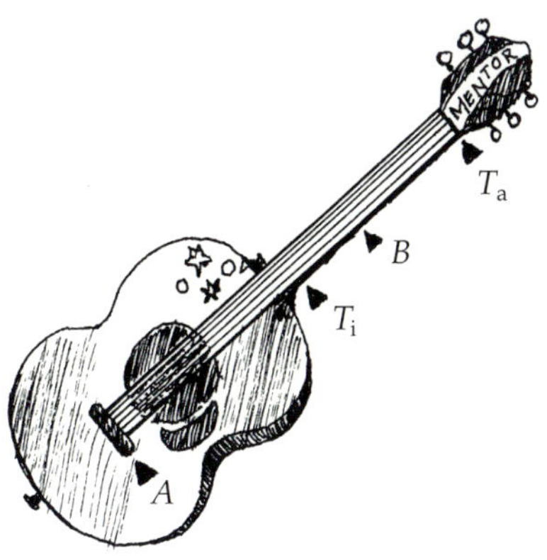

Im folgenden Beispiel sind die drei Punkte A, B sowie T_i gegeben und der fehlende vierte Punkt T_a soll konstruiert werden; in der daran anschließenden Aufgabe sind die Punkte A, B sowie T_a gegeben und der Punkt T_i ist gesucht.

Beispiel 1

Die Strecke $[AB]$ der Figur 18 (aus den Zeichnungsvorlagen) wird durch den Punkt T_i bereits innen geteilt. Konstruiere den äußeren Teilpunkt T_a, der die Strecke $[AB]$ im gleichen Verhältnis teilt wie der innere Teilpunkt T_i.

Es soll also gelten: $\frac{\overline{AT_i}}{\overline{T_iB}} = \frac{\overline{AT_a}}{\overline{T_aB}}$

Man kann auch sagen: Die gegebenen drei Punkte A, B und T_i sollen durch den vierten Punkt T_a so ergänzt werden, dass die *Gesetzmäßigkeiten der harmonischen Teilung* erfüllt sind.

➡ Du musst immer damit beginnen, dass du zwei parallele Geraden durch die Endpunkte der zu teilenden Strecke legst. (In Figur 18 sind sie schon gestrichelt eingezeichnet.)

① Trage von A aus auf der gestrichelten Geraden die Länge der Strecke $[AT_i]$ nach „unten" an und bezeichne den entstehenden Punkt mit C.

② Trage von B aus auf der gestrichelten Geraden die Länge der Strecke $[BT_i]$ ebenfalls nach „unten" an und bezeichne den entstehenden Punkt mit E.

Damit haben wir das vorgegebene Streckenverhältnis auf die Parallelen übertragen (vergleiche Figur 12a und Figur 17b) und es gilt: $\frac{\overline{AT_i}}{\overline{T_iB}} = \frac{\overline{AC}}{\overline{BE}}$

③ Der gesuchte äußere Teilpunkt T_a ergibt sich als Schnittpunkt der Geraden CE und der Geraden AB.

➡ Der zweite Strahlensatz besagt, dass jetzt auch gilt: $\frac{\overline{AT_a}}{\overline{T_aB}} = \frac{\overline{AC}}{\overline{BE}}$

Wenn du die beiden Gleichungen gleichsetzt, erkennst du, dass die vier Punkte A, B, T_i und T_a die Bedingung der harmonischen Teilung erfüllen.

- Wenn der äußere Teilpunkt gesucht ist, müssen die beiden Strecken $\overline{AT_i}$ und $\overline{AT_a}$ jeweils auf *derselben* Seite von AB auf den parallelen Linien angetragen werden.
- Wenn der innere Teilpunkt gesucht ist, müssen die beiden Strecken $\overline{AT_i}$ und $\overline{AT_a}$ jeweils auf *verschiedenen* Seiten von AB auf den parallelen Linien angetragen werden.

Aufgabe A11

a) Konstruiere in Figur 19 (Zeichnungsvorlage) den inneren Teilpunkt T_i der Strecke $[AB]$ so, dass diese von T_i und T_a harmonisch geteilt wird.

b) Miss die Strecken ab und berechne: $\frac{\overline{AT_i}}{\overline{T_iB}} = \frac{\text{.......... cm}}{\text{.......... cm}} = \text{..........}$

$\frac{\overline{AT_a}}{\overline{T_aB}} = \frac{\text{.......... cm}}{\text{.......... cm}} = \text{..........}$

Mithilfe der Figuren 20a und 20b kannst du dir den folgenden Satz klarmachen, den du anschließend bei entsprechenden Konstruktionen anwenden kannst:

Beispiel 2

Für zwei nebeneinander liegende Kreise k_1 (M_1; r_1) und k_2 (M_2; r_2) gilt:

Die Verbindungsstrecke [M_1M_2] der beiden Mittelpunkte wird durch die inneren und äußeren Tangenten harmonisch, im Verhältnis $r_1 : r_2$ geteilt.

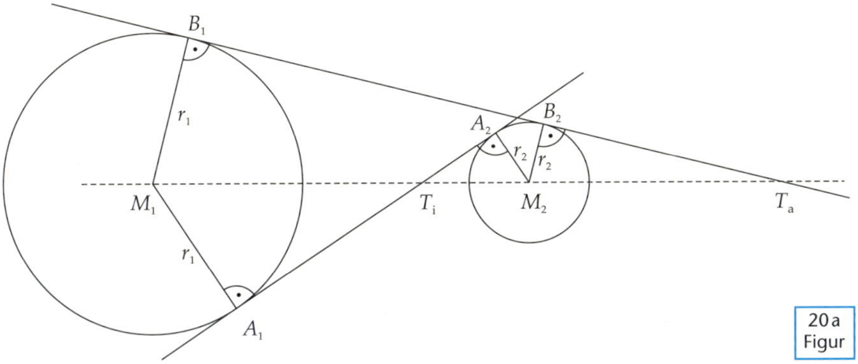

20a Figur

Die **inneren Tangenten** berühren beide Kreise und schneiden die Gerade M_1M_2 *innerhalb* der Strecke [M_1M_2].
Die **äußeren Tangenten** berühren beide Kreise und schneiden die Gerade M_1M_2 *außerhalb* der Strecke [M_1M_2].

(Spiegelt man Figur 20a an der gestrichelten Geraden M_1M_2, so ergibt sich Figur 20b und umgekehrt. In der Zusammenschau beider Figuren erkennst du, dass es zwei äußere und zwei innere Tangenten an die beiden nebeneinander liegenden Kreise gibt:)

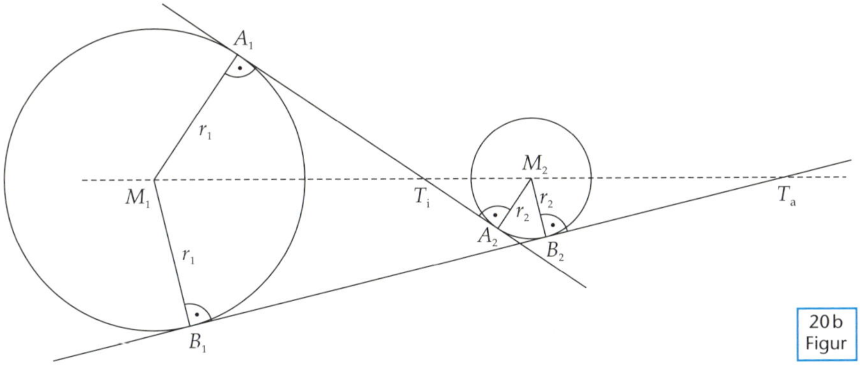

20b Figur

Da die Tangenten jeweils senkrecht auf den Verbindungsstrecken der Berührpunkte mit den Mittelpunkten stehen und die Winkel bei T_i Scheitelwinkel sind, ergeben sich ähnliche Dreiecke.

➜

Mit $\triangle T_i M_1 A_1 \sim \triangle T_i M_2 A_2$ gilt: $\dfrac{\overline{M_1 T_i}}{\overline{T_i M_2}} = \dfrac{r_1}{\ldots\ldots}$ (2. Strahlensatz)

Mit $\triangle T_a M_1 B_1 \sim \triangle T_a M_2 B_2$ gilt: $\dfrac{\overline{M_1 T_a}}{\overline{T_a M_2}} = \dfrac{\ldots\ldots}{r_2}$ (2. Strahlensatz)

Da die rechten Seiten der Gleichungen übereinstimmen, gilt auch die Gleichung, die die harmonische Teilung bestätigt:

$$\frac{\overline{M_1 T_i}}{\overline{T_i M_2}} = \frac{\overline{M_1 T_a}}{\overline{T_a M_2}}$$

Mithilfe dieser Überlegungen können wir die inneren und äußeren Tangenten an zwei nebeneinander liegende Kreise konstruieren.
Beachte dabei, dass wir zunächst nur die beiden Teilpunkte T_i und T_a bestimmen. Die Hilfspunkte auf den Kreislinien sind dabei noch nicht die Berührpunkte der Tangenten. Erst mit einer nachfolgenden Thaleskreis-Konstruktion werden wir die Berührpunkte ermitteln.
(Der Thaleskreis wurde im ML 626 in den Kapiteln A 4 und E 1.3 behandelt.)

Solche Konstruktionen kommen häufig in Prüfungen vor:

Beispiel

Konstruiere die inneren und äußeren Tangenten an die beiden Kreise k_1 (M_1; r_1) und k_2 (M_2; r_2) der Figur 21.

Lege dir die Figur 21 aus der Zeichnungsvorlage zurecht und versuche, die Konstruktion selbstständig auszuführen. Wenn es dir nicht gelingt oder wenn du deinen Lösungsweg nachträglich überprüfen willst, findest du im Folgenden die Lösung mit den Konstruktionsschritten.

① Zeichne die Gerade $M_1 M_2$.

In Figur 21 sind mit gestrichelten Linien zwei Parallelen durch die Kreismittelpunkte gezeichnet.
Bezeichne die Schnittpunkte von k_1 mit der Parallelen mit P („unten") und Q („oben") und den Schnittpunkt von k_2 mit der Parallelen mit R.

② Zeichne gestrichelt die Geraden PR und QR und bezeichne die auftretenden Schnittpunkte mit $M_1 M_2$ entsprechend mit T_i und T_a.

Nun müssen wir noch von T_i und von T_a jeweils eine Tangente an k_1 bzw. k_2 konstruieren. (Dabei ist jede dieser Tangenten an einen der Kreise auch Tangente an den anderen Kreis.)

③ Zeichne über dem Mittelpunkt H_1 von $[M_1 T_i]$ den Thaleskreis und zeichne durch die Schnittpunkte mit k_1 und T_i die beiden inneren Tangenten.
④ Zeichne über dem Mittelpunkt H_2 von $[M_2 T_a]$ den Thaleskreis und zeichne durch die Schnittpunkte mit k_2 und T_a die beiden äußeren Tangenten.

3.3 Längenberechnungen

Beispiel 1

Mit einer Spiegelreflexkamera kann die Höhe eines Baumes bestimmt werden:

Wie hoch ist der Baum, wenn er genau auf den Bildausschnitt im Hochformat der Kamera passt?

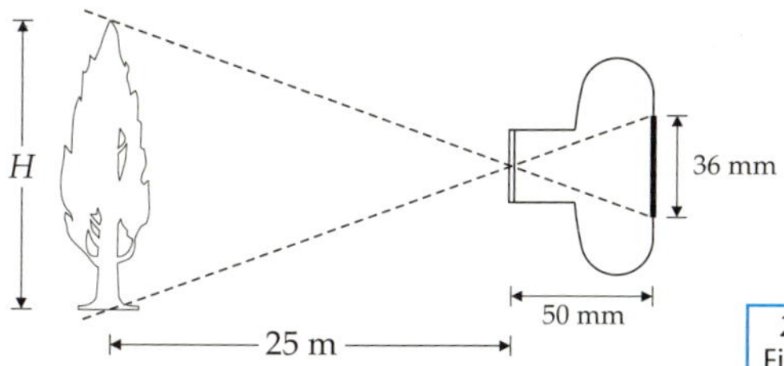

22 Figur

Die Figur 22 legt die Anwendung der Gesetzmäßigkeiten der zentrischen Streckung nahe. „Das linke große Dreieck ist ähnlich zum rechten kleinen Dreieck."

Aus der Verhältnistreue (vergleiche Abschnitt 1.2) ergibt sich für die Maße dieses Beispiels: $\frac{H}{25\text{ m}} = \frac{36\text{ mm}}{\ldots\ldots}$

Löse diese Gleichung auf einem Beiblatt und berechne H.

Der Baum ist ………… m hoch.

Beispiel 2

Die Höhe eines Kirchturms kannst du – bei Sonnenschein – mithilfe der Schattenlänge und deiner eigenen Körpergröße messen.

Stelle dich so auf, dass dein eigener Schatten im selben Punkt endet wie der Schatten des Turms, und bestimme die Längen, die in der Zeichnung bereits als bekannt eingetragen sind.

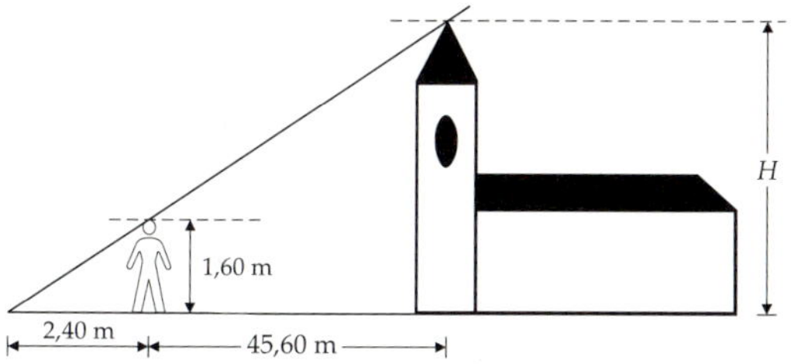

23 Figur

Auch in Figur 23 erkennst du wieder ähnliche Dreiecke, und wir können den 2. Strahlensatz anwenden.

So wie die Maße in Figur 23 angegeben sind, verführen sie leicht zu einem Fehler!

Nur eine der folgenden Gleichungen **I** und **II** ist richtig. Streiche die falsche Gleichung und berechne aus der richtigen Gleichung die gesuchte Größe H.

$$\frac{H}{45{,}6\text{ m}} = \frac{1{,}6\text{ m}}{2{,}4\text{ m}} \qquad \textbf{I}$$

$$\frac{H}{45{,}6\text{ m} + 2{,}4\text{ m}} = \frac{1{,}6\text{ m}}{2{,}4\text{ m}} \qquad \textbf{II}$$

Damit gilt: Der Kirchturm ist .... m hoch.

Beispiel 3

Die Breite einer Schlucht kann indirekt mithilfe von Peilstangen bestimmt werden, falls auf der gegenüberliegenden Seite ein Baum genau am Rand des Abgrundes steht.

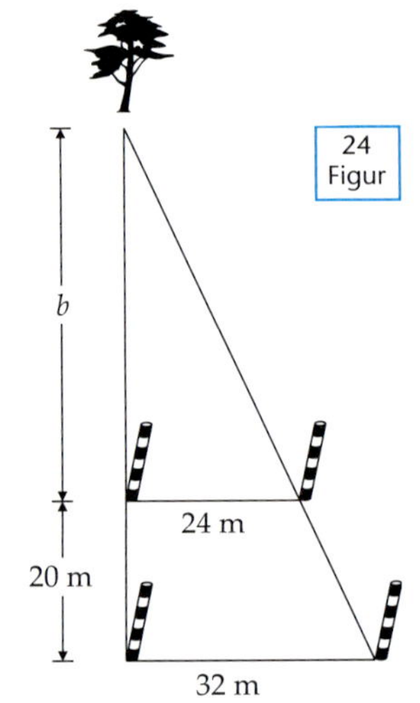

Die Peilstangen müssen so gesteckt werden, dass sie mit dem Baum jenseits der Schlucht jeweils auf einer Geraden liegen.
Die Anordnung der vier Peilstangen und des Baumes ist in Figur P24 von oben gesehen dargestellt.
Berechne die Schluchtbreite b.

In Figur P24 ist das „obere" Dreieck ähnlich zum „ganzen" Dreieck. Damit kannst du folgende Verhältnisgleichung vervollständigen:

$$\frac{b}{24\text{ m}} = \frac{b + 20\text{ m}}{\dots\dots} \qquad | \cdot 24\text{ m} \cdot \dots\dots$$

$$b \cdot \dots\dots = (b + 20\text{ m}) \cdot 24\text{ m} \qquad | : \text{m}$$

$$\dots\dots\, b = 24b + \dots\dots\text{ m} \qquad | -24b$$

$$\dots\dots\, b = \dots\dots\text{ m}$$

$$b = \dots\dots\text{ m}$$

Die Schlucht ist .... m breit.

Aufgaben A12

Wenn du auf einer Wanderung die Länge der Luftlinie zwischen zwei Berggipfeln aus einer Wanderkarte kennst, kannst du deine eigene Entfernung von diesen Gipfeln auf folgende Weise bestimmen, wenn du von beiden Gipfeln etwa gleich weit entfernt bist:

Daumensprung

Peile über deinen Daumen und halte ihn so, dass er bei geschlossenem linkem Auge mit dem Gipfel A zur Deckung kommt und bei geschlossenem rechtem Auge den Gipfel B über-

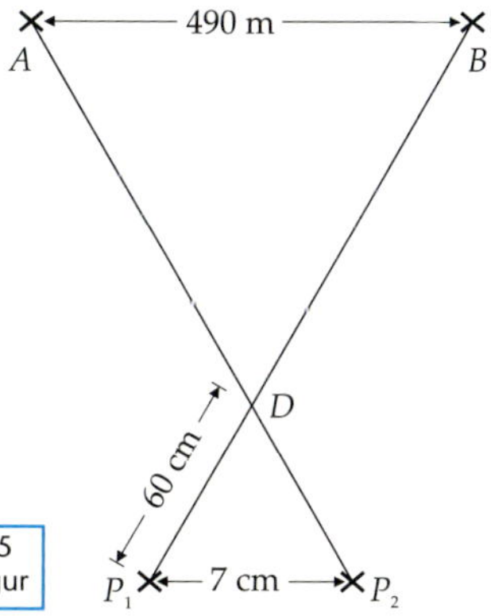

25
Figur

deckt (prinzipielle Darstellung in Figur 25).

Berechne auf einem Beiblatt die Länge der Strecke $\overline{DA}$ mit $\overline{AB} = 490$ m, $\overline{P_1P_2} = 7$ cm (Pupillenabstand), $\overline{DP_2} = 60$ cm (Abstand des Daumens von den Augen bzw. Armlänge).

Die Länge der Strecke $\overline{DA}$ beträgt

.... m.

A13

Zu drei gegebenen Strecken a, b und c lässt sich eine vierte Strecke x so finden, dass die Verhältnisgleichung $\frac{a}{b} = \frac{c}{x}$ erfüllt ist.

a) Ergänze in Figur 26 (Zeichnungsvorlage) die Strecke x, sodass die Verhältnisgleichung erfüllt ist.

b) Zeichne auch in Figur 27 (Zeichnungsvorlage) die Strecke x ein, sodass die oben angegebene Verhältnisgleichung erfüllt ist.

c) Nun sind die Längen gegeben: $a = 5$ cm, $b = 12$ cm, $c = 7{,}5$ cm

Berechne auf einem Beiblatt die Länge der Strecke x, sodass die Verhältnisgleichung $\frac{a}{b} = \frac{c}{x}$ erfüllt ist.

Es ergibt sich: $x =$ .... cm

A14

Die Punkte P, Q, T_i, T_a liegen auf einer Geraden. Gegeben sind die Längen: $\overline{PQ} = 12$ cm, $\overline{PT_i} = 9$ cm

Berechne auf einem Beiblatt die Längen der Strecken $\overline{PT_a}$ und $\overline{T_aQ}$, sodass die Punkte T_i und T_a die Strecke $[PQ]$ harmonisch teilen.

Es ergibt sich: $\overline{PT_a} =$ .... cm ; $\overline{T_aQ} =$ .... cm

A15

Wieder liegen die Punkte P, Q, T_i, T_a auf einer Geraden mit $\overline{PT_i} = 4$ cm und $\overline{T_iT_a} = 12$ cm .

Berechne die Länge der Strecke $\overline{PQ}$, sodass die Punkte T_i und T_a die Strecke PQ harmonisch teilen.

Lösungshilfe für den Notfall:
Lege dir zunächst eine *Planfigur* an, in die du die Längen der gegebenen Strecken einträgst.

P 28
Figur

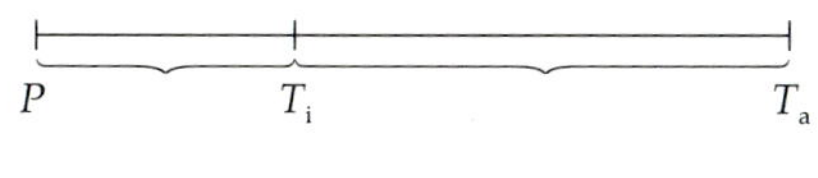

➡ Markiere nun zwischen T_i und T_a den Punkt Q und bezeichne die Strecke $\overline{T_iQ}$ mit x.

Damit lassen sich alle Strecken für die Verhältnisgleichung ausdrücken:

$\overline{PT_i} = 4\text{ cm}$ $\overline{PT_a} = \text{.............. cm}$

$\overline{T_iQ} = x$ $\overline{T_aQ} = 12\text{ cm} - x$

Setze diese Strecken in die Gleichung ein: $\frac{\overline{PT_i}}{\overline{T_iQ}} = \frac{\overline{PT_a}}{\overline{T_aQ}}$

$$\Rightarrow \quad \frac{4\text{ cm}}{x} = \frac{\text{.............. cm}}{12\text{ cm} - x} \quad \Big| \cdot x\,(12\text{ cm} - x)$$

$$4\text{ cm} \cdot (\text{..........................}) = \text{........... cm} \cdot \text{...........}$$

Berechne auf einem Beiblatt aus dieser Gleichung die Länge der Strecke x.

Es ergibt sich: $x = \text{...........}$ cm und damit: $\overline{PQ} = \text{...........}$ cm

A16

29 Figur

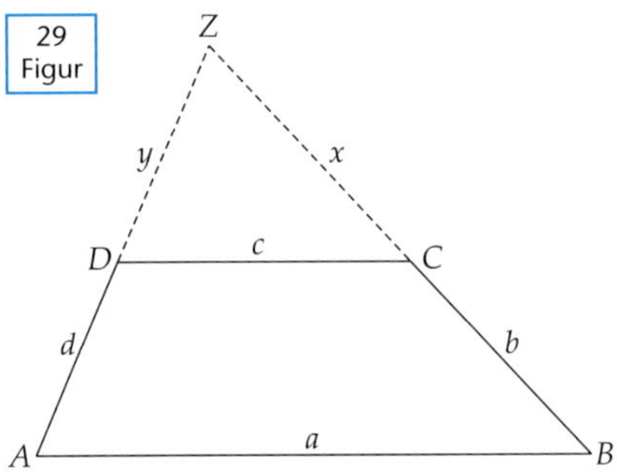

Wenn man bei einem Trapez die beiden nicht parallelen Seiten bis zu ihrem Schnittpunkt verlängert, entsteht eine Figur, für die die Strahlensätze gelten.

Im Trapez $ABCD$ sei $a = 12\text{ cm}$, $b = 15\text{ cm}$, $c = 3\text{ cm}$, $d = 12\text{ cm}$. (Nimm die Figur 29 als Planfigur und trage dort die gegebenen Maße ein.)

a) Berechne auf einem Beiblatt die Länge der Seite $\overline{CZ}$ im Ergänzungsdreieck CZD:

$\overline{CZ} = \text{........}$ cm

b) Berechne auf einem Beiblatt die Länge der Seite $\overline{DZ}$:

$\overline{DZ} = \text{........}$ cm

3.4 Anwendungen in der Physik

Sammellinse

Die Figur 30 kennst du sicher aus dem Physikunterricht. Die physikalischen Bezeichnungen der farbig gezeichneten Dreiecke bedeuten:

G = Gegenstandsgröße, B = Bildgröße, g = Gegenstandsweite, b = Bildweite

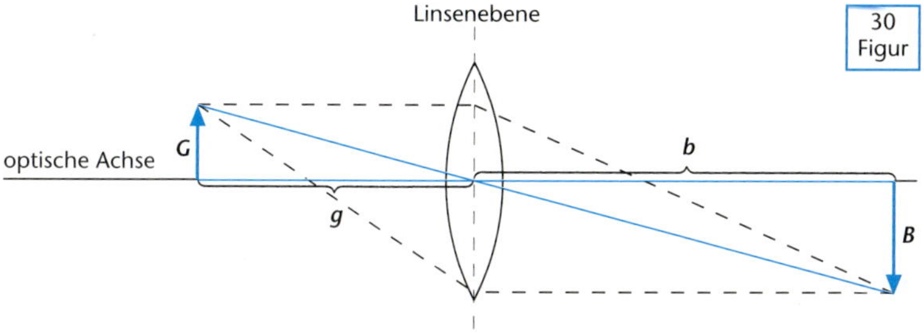

30 Figur

Da die farbig gezeichneten Dreiecke ähnlich zueinander sind, kannst du in Anwendung des 2. Strahlensatzes die Formel sicher ergänzen: $\frac{B}{G} = \frac{\dots\dots}{\dots\dots}$

Aufgabe A 17

Ein 15 cm hoher leuchtender Gegenstand steht 30 cm vor einer Sammellinse. Berechne mithilfe der obigen Formel die Bildgröße, wenn der Schirm, auf dem das Bild aufgefangen wird, 50 cm hinter der Linse steht.

schiefe Ebene

Wir kennen aus der Physik, dass in der Standardfigur der schiefen Ebene die Winkel α, β und $\gamma = 90°$ des „großen" Dreiecks auch in den „kleinen" Dreiecken auftreten.
Damit gilt die Ähnlichkeit: $\triangle ABC \sim \triangle A'B'C'$

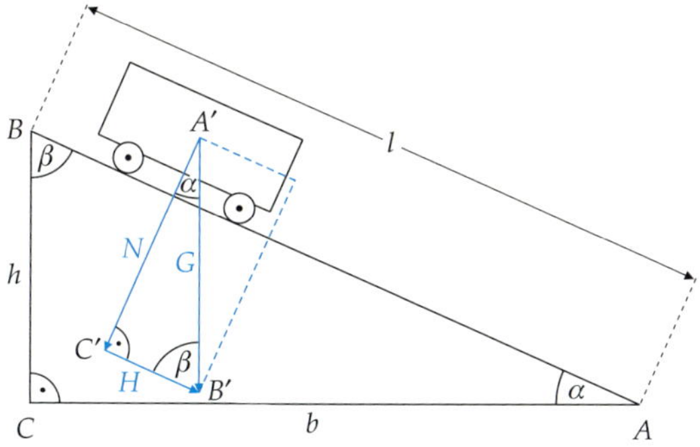

31 Figur

Die physikalischen Bezeichnungen der Dreiecksseiten lauten

im $\triangle ABC$:

$\overline{AB}$	$= l$	Länge der schiefen Ebene
$\overline{BC}$	$= h$	Höhe der schiefen Ebene
$\overline{AC}$	$= b$	Basis der schiefen Ebene

(Die Einheit für l, h und b ist m für Meter.)

im $\triangle A'B'C'$:

$\overline{A'B'}$	$= G$	Gewichtskraft
$\overline{C'B'}$	$= H$	Hangabtriebskraft
$\overline{A'C'}$	$= N$	Normalkraft

(Die Einheit für G, H und N ist N für Newton.)

Mit diesen Bezeichnungen kannst du aufgrund der Ähnlichkeit der Dreiecke die Formeln der schiefen Ebene aufstellen. (Erinnere dich: Für ähnliche Dreiecke gilt, dass Strecken, die einander entsprechen, immer gegenüber von gleich großen Winkeln liegen.)

Mit $\triangle ABC \sim \triangle A'B'C'$ gilt: $\frac{h}{l} = \frac{H}{\ldots\ldots}$

und $\frac{h}{b} = \frac{\ldots\ldots}{\ldots\ldots}$

sowie $\frac{b}{l} = \frac{\ldots\ldots}{\ldots\ldots}$

Aufgabe A18 Berechne auf einem Beiblatt mithilfe der obigen Formeln die gesuchten Größen und trage deine Ergebnisse hier ein.

a) Gegeben: $h = 2$ m, $l = 5$ m, $G = 100$ N
Gesucht: Hangabtriebskraft H
Ergebnis: $H =$ .... N

b) Gegeben: $b = 4$ m, $N = 100$ N, $G = 120$ N
Gesucht: Länge der schiefen Ebene l
Ergebnis: $l =$ .... m

4. Streckenverhältnisse am Kreis

4.1 Sehnensatz

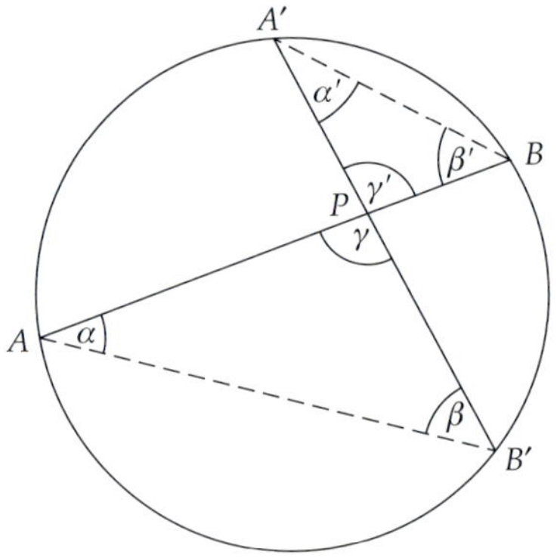

32 Figur

Zeichnet man durch einen Punkt P innerhalb eines Kreises zwei beliebige Sehnen, dann ist das Produkt aus den Längen der Sehnenabschnitte für jede Sehne konstant. (**Sehnensatz**)

$$\overline{PA} \cdot \overline{PB} = \overline{PA'} \cdot \overline{PB'}$$

Zunächst müssen wir zeigen, dass die beiden Dreiecke $\triangle PAB'$ und $\triangle PA'B$ ähnlich sind: **Beweis**

Es gilt: $\gamma = \gamma'$ (Scheitelwinkel)
sowie: $\alpha = \alpha'$ (Umfangswinkel)
(α und α' sind Umfangswinkel über dem Kreisbogen BB' und damit sind sie gleich; vergleiche ML 626, Abschnitt E 2.2 .)

Damit gilt auch: $\beta = \beta'$ (Winkelsumme im Dreieck bzw. Umfangswinkel über $\widehat{AA'}$.)

Mit $\triangle PAB' \sim \triangle PA'B$ gilt: $\frac{\overline{PA}}{\overline{PB'}} = \frac{\dots\dots}{\overline{PB}} \quad | \cdot \overline{PB'} \cdot \overline{PB}$

$$\overline{PA} \cdot \overline{PB} = \dots\dots \cdot \overline{PB'}$$

Damit ist der Sehnensatz bewiesen.

4.2 Sekantensatz

Wenn der Schnittpunkt der Geraden AB und $A'B'$ außerhalb des Kreises liegt, ergibt sich ein fast gleich lautender Satz.

Zeichnet man durch einen Punkt P außerhalb eines Kreises zwei beliebige Sekanten, dann ist das Produkt der von P aus gemessenen Sekantenabschnitte für jede Sekante konstant. (**Sekantensatz**)

$$\overline{PA} \cdot \overline{PB} = \overline{PA'} \cdot \overline{PB'}$$

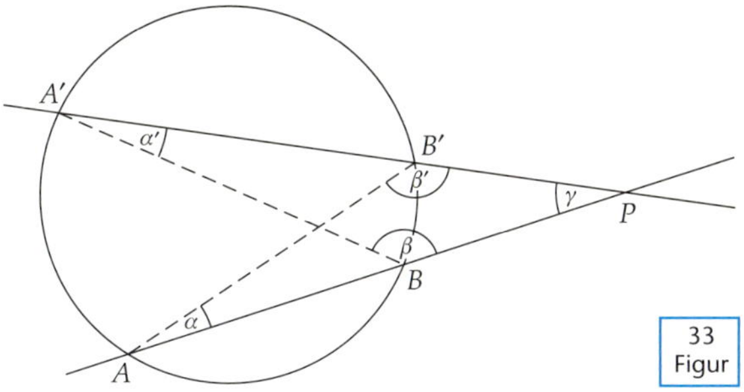

33 Figur

Beweis

Wieder sind die beiden Dreiecke $\triangle PAB'$ und $\triangle PA'B$ ähnlich, da sie den Winkel γ gemeinsam haben und $\alpha = \alpha'$ (Umfangswinkel über $\widehat{B'B}$) ist.

Mit $\triangle PAB' \sim \triangle PA'B$ gilt wieder: $\frac{\overline{PA}}{\overline{PB'}} = \frac{\dots\dots}{\dots\dots} \quad | \cdot \overline{PB'} \cdot \overline{PB}$

$$\overline{PA} \cdot \overline{PB} = \dots\dots \cdot \dots\dots$$

Damit ist der Sekantensatz bewiesen.

4.3 Sekanten-Tangenten-Satz

Ein Sonderfall des Sekantensatzes ergibt sich, falls eine der von P ausgehenden Geraden den Kreis nicht mehr als Sekante schneidet, sondern als Tangente berührt.

Schneiden sich eine Tangente und eine Sekante eines Kreises im Punkt P, dann ist das Produkt der von P aus gemessenen Sekantenabschnitte gleich dem Quadrat des Tangentenabschnittes. (**Sekanten-Tangenten-Satz**)

$$\overline{PA} \cdot \overline{PB} = \overline{PA'}^2$$

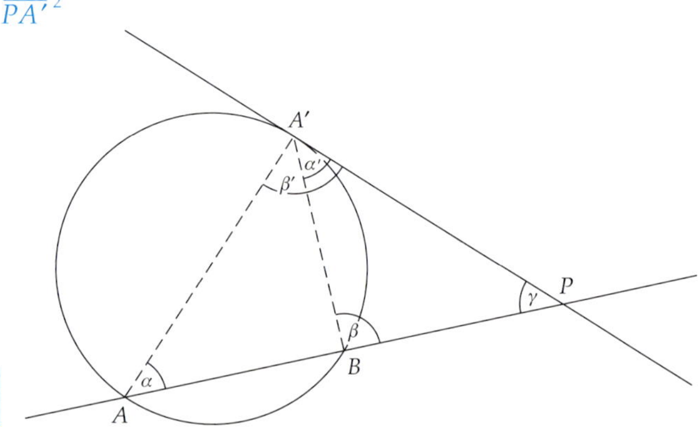

34 a Figur

Beweis In Figur 34 sind die Dreiecke $\triangle PAA'$ und $\triangle PA'B$ ähnlich, da sie den Winkel γ gemeinsam haben und $\alpha = \alpha'$ ist.

Die Gleichheit von α und α' folgt aus dem Mittelpunktswinkelsatz:

$$\mu = 2\alpha \quad \text{bzw.} \quad \alpha = \frac{\mu}{2}$$

und dem Sehnen-Tangenten-Winkelsatz:

$$\alpha' = \frac{\mu}{2}$$

(Zu diesen beiden Sätzen kannst du in ML 626, Kapitel E 2.1 und 2.3 nachlesen.)

34b Figur

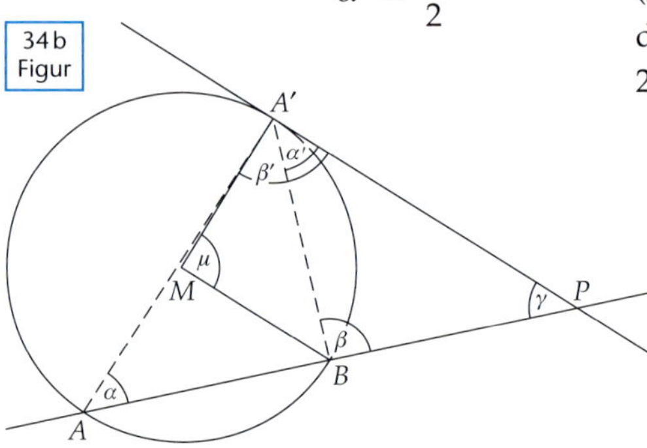

Mit $\triangle PAA' \sim \triangle PA'B$ gilt $\quad \dfrac{\overline{PA}}{\overline{PA'}} = \dfrac{\ldots\ldots}{\overline{PB}} \quad | \cdot \overline{PA'} \cdot \overline{PB}$

$$\overline{PA} \cdot \overline{PB} = \ldots\ldots \cdot \ldots\ldots$$

$$\text{bzw.} \quad \overline{PA} \cdot \overline{PB} = \ldots\ldots^2$$

Damit ist der Sekanten-Tangenten-Satz bewiesen.

Wenn wir die Streckengleichungen $\overline{PA} \cdot \overline{PB} = \overline{PA'} \cdot \overline{PB'}$ und $\overline{PA} \cdot \overline{PB} = \overline{PA'}^2$ als Flächengleichungen von Rechtecken bzw. Quadraten auffassen, können wir mit ihrer Hilfe Flächenverwandlungen durchführen.

Beispiel

Im Rahmen der Flurbereinigung soll ein Bauer sein rechteckiges Feld mit den Seitenlängen $x = 60\,\text{m}$ und $y = 35\,\text{m}$ gegen ein quadratisches Feld mit gleicher Fläche tauschen.
Konstruiere die Seitenlänge des quadratischen Feldes.

Mit dem Maßstab 1 : 1000 (10 m ≙ 1 cm) können wir das rechteckige Grundstück zeichnen:

Wir suchen die Seitenlänge s des quadratischen Grundstückes, sodass gilt:

$$x \cdot y = s^2$$

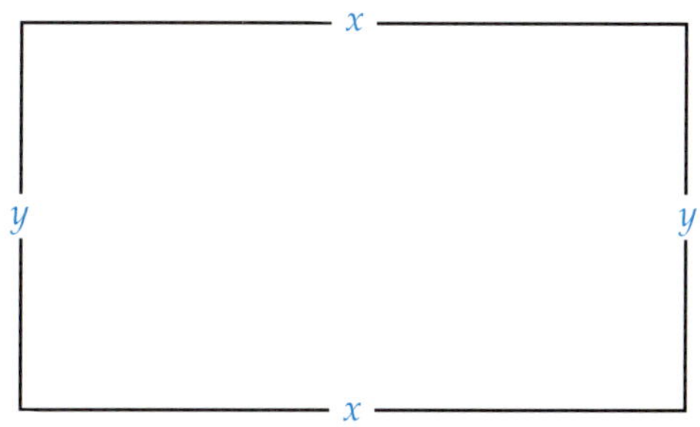

35
Figur

Figur P36 dient als Planfigur. Dort entsprechen die Sekantenabschnitte den Rechteckseiten: $\overline{PA} \mathrel{\widehat{=}} x$, $\overline{PB} \mathrel{\widehat{=}} y$

Damit wir den Sekanten-Tangenten-Satz anwenden können, müssen wir einen Kreis k finden mit $A \in k$ und $B \in k$. Wenn wir dann von P aus die Tangente an diesen Kreis konstruieren, haben wir die gesuchte Quadratseite s gefunden.

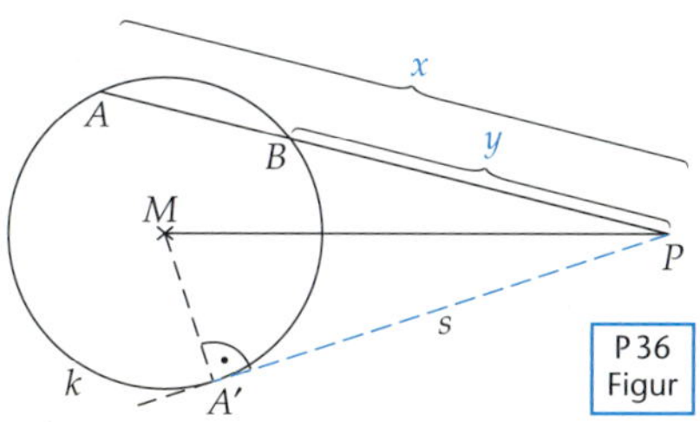

P36
Figur

- Für den Mittelpunkt M des gesuchten Kreises k gilt: M liegt auf der ....senkrechten der Strecke $[AB]$.
- Der gesuchte Punkt A' liegt auf dem ....kreis über der Strecke $[MP]$.

➡ Zeichne mit gestrichelter Linie die Mittelsenkrechte der Strecke $[AB]$ in die Figur 37 im Zeichnungsteil ein.

➡ Wähle auf der gezeichneten Mittelsenkrechten einen Punkt M und zeichne den Kreis $k(M; r = \overline{MA})$. (Wähle r *ungefähr* so groß wie die Strecke $\overline{AB}$.)

➡ Verbinde M und P und zeichne gestrichelt den Thaleskreis über $[MP]$.

Der Schnittpunkt des Thaleskreises mit dem Kreis k ist der gesuchte Punkt A'.

Miss in deiner Zeichnung die Länge der Strecke $\overline{A'P} =$ .... cm;

berechne dann mithilfe des Maßstabs die gesuchte Seitenlänge des quadratischen Feldes:

$s =$ .... m

Berechne: $s \cdot s =$ .... m $\cdot$ .... m $=$ .... m^2

Je genauer du gezeichnet hast, desto besser stimmt dieser berechnete Wert für s^2 mit dem Wert $x \cdot y = 60\,\text{m} \cdot 35\,\text{m} =$ .... m^2 überein.

Aufgabe A19

Verwandle ein Rechteck mit den Seitenlängen $x = 8\,\text{cm}$ und $y = 6\,\text{cm}$ in ein flächengleiches Quadrat.
Führe die Konstruktion auf einem Extrablatt aus und benütze gegebenenfalls die Anleitungsschritte des letzten Beispiels. Überlege genau, welche Länge die Strecke $\overline{AP}$ haben muss!

5. Einbeschreibungsaufgaben

In Figur 38 ist das Dreieck ABC dem Dreieck PQR einbeschrieben:

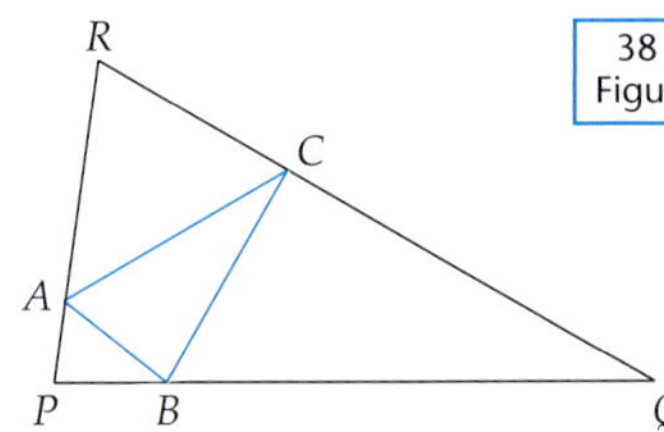

38 Figur

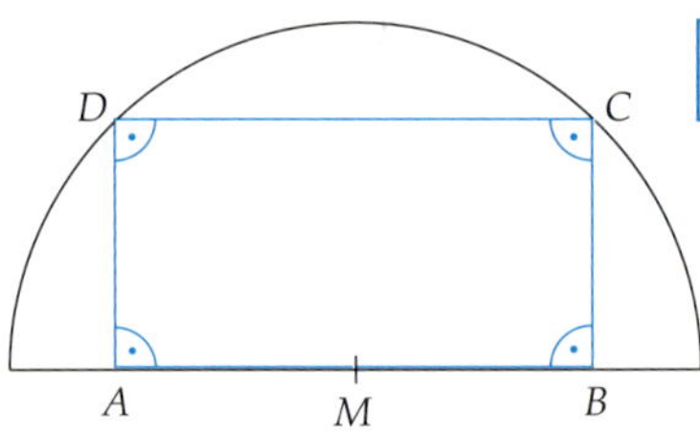

39 Figur

In Figur 39 ist das Rechteck $ABCD$ dem Halbkreis um M einbeschrieben.

Man spricht von einem **einbeschriebenen** Vieleck, wenn alle Eckpunkte dieses Vielecks auf den Begrenzungslinien einer zweiten Figur liegen.

Beispiel

Konstruiere in Figur 40 (aus den Zeichnungsvorlagen) das Dreieck ABC mit folgenden Eigenschaften:

1. $\triangle ABC$ ist dem $\triangle PQR$ einbeschrieben.
2. $AB \parallel QR$
3. $\overline{AC} : \overline{BC} = 2 : 1$

Hinweis: Figur 38 kann als Planfigur dienen.

➡ In Figur 40 ist auf der Strecke $[PR]$ ein beliebiger Punkt A' gewählt. Zeichne durch A' mit gestrichelter Linie die Parallele zu QR und nenne den Schnittpunkt mit der Strecke $[PQ]$ Punkt B'.
(Die Bezeichnung A' soll ausdrücken, dass dieser Punkt noch nicht der gesuchte Punkt A ist.)

➡ Konstruiere den Punkt C' mit $\overline{A'C'} = 2\,\text{cm}$ und $\overline{B'C'} = 1\,\text{cm}$ und verbinde mit gestrichelter Linie C' mit A' und B'.
(Da nur das Seiten*verhältnis* gegeben ist, hätten wir als Seitenlängen des Hilfsdreiecks zum Beispiel auch $\overline{A'C'} = 3\,\text{cm}$ und $\overline{B'C'} = 1{,}5\,\text{cm}$ wählen können. Wichtig ist dabei nur, dass C' innerhalb des Dreiecks PQR liegt. Somit gibt es unendlich viele verschiedene Lösungen.)

Das Dreieck $A'B'C'$ erfüllt bereits die 2. und die 3. Eigenschaft. Das Dreieck $A'B'C'$ ist also ähnlich zu dem gesuchten Dreieck ABC, aber es ist „noch" nicht einbeschrieben.
Wenn wir das Dreieck $A'B'C'$ durch eine zentrische Streckung so abbilden, dass das Bilddreieck dem Dreieck PQR einbeschrieben ist, hat auch dieses Bilddreieck die geforderten Eigenschaften 2 und 3.

Als Zentrum der zentrischen Streckung kommt nur der Punkt .... infrage, denn der Bildpunkt A soll auf der Strecke $[PR]$ und der Bildpunkt B auf der Strecke $[PQ]$ liegen.

➡ Zeichne mit gestrichelter Linie die Gerade PC' und bezeichne ihren Schnittpunkt mit der Strecke $[QR]$ mit C.

Damit ist der erste Eckpunkt des gesuchten Dreiecks ABC gefunden.

➡ Zeichne mit Farbe durch C die Parallele zu $A'C'$ und bezeichne ihren Schnittpunkt mit der Strecke $[PR]$ mit ....
➡ Zeichne mit Farbe durch C die Parallele zu $B'C'$ und bezeichne ihren Schnittpunkt mit der Strecke $[PQ]$ mit ....
➡ Verbinde nun noch mit Farbe die beiden Punkte A und B.

Das farbig gezeichnete Dreieck ABC und das gestrichelte Dreieck $A'B'C'$ sind .... zueinander, da die entsprechenden Dreieckseiten .... zueinander verlaufen und die beiden Dreiecke daher drei gleich große Winkel haben.
Damit erfüllt das Dreieck ABC die drei geforderten Eigenschaften.

Nach dieser ersten Einbeschreibungsaufgabe hast du sicher bemerkt, worum es bei diesen Problemstellungen geht. Eine kleine Zusammenfassung soll dir die Lösung der nachfolgenden Aufgaben erleichtern.

- Suche zunächst nach dem Punkt, der das Zentrum der Streckung sein kann. (Da musst du manchmal vielleicht ein wenig suchen, denn nicht immer erkennst du das Zentrum auf den ersten Blick.)
- Überlege dir dann die geometrischen Orte für die Punkte der Anfangsfigur und zeichne diese Hilfsfigur.
- Führe anschließend die zentrische Streckung durch, damit die Punkte ihre endgültige Lage finden.

Versuche die kommenden Aufgaben zunächst ohne die jeweils anschließenden Hinweise zu lösen und hole dir die Hilfestellung erst, wenn du nicht weiterkommst.

Aufgaben

A 20 Beschreibe in den Halbkreis um M in Figur 41 aus den Zeichnungsvorlagen ein Rechteck $ABCD$ ein, dessen Seiten im Verhältnis $a : b = 6 : 4$ stehen, und dessen Seite a auf dem Durchmesser des Halbkreises liegt. (Figur 39 kann als Planfigur dienen.)

Hinweise:

➡ Markiere auf der gestrichelten Geraden die Punkte A' und B' mit $\overline{A'M} = \overline{MB'} = 3\,\text{cm}$.

➡ Ergänze die Punkte C' und D' und zeichne das Rechteck $A'B'C'D'$ mit $a' = 6\,\text{cm}$ und $b' = 4\,\text{cm}$.

➡ Verbinde mit gestrichelten Linien M mit C' und D' und nenne die Schnittpunkte mit dem Halbkreis C und D. Ergänze C und D zum Rechteck $ABCD$.

A 21 a) Beschreibe in das Dreieck ABC in Figur 42 (Zeichnungsvorlage) ein Quadrat $PQRS$ ein.

Hinweise:

Mithilfe der Planfigur (Figur P43a) kannst du dir klarmachen:

Zwei der Quadrateckpunkte (hier P und Q) liegen auf einer Dreieckseite, die gegenüberliegende Quadratseite verläuft parallel zu dieser Dreieckseite.

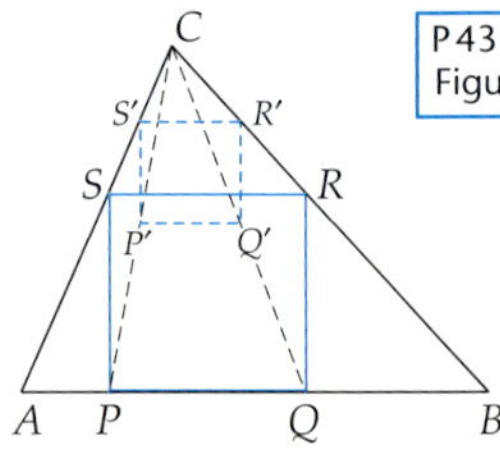

P43a Figur

➡ Zeichne in Figur 42 durch den beliebig gewählten Hilfspunkt S' mit gestrichelter Linie die Parallele zu AB und bezeichne den Schnittpunkt mit $[BC]$ mit R'.

➡ Ergänze R' und S' zum Quadrat $P'Q'R'S'$.

➡ Zeichne mit gestrichelter Linie die Halbgerade $[CP'$ und $[CQ'$ und bezeichne die Schnittpunkte mit $[AB]$ mit P und Q. Ergänze P und Q zum Quadrat $PQRS$.

Das Quadrat $P'Q'R'S'$ wurde zentrisch gestreckt mit dem Zentrum ....

Beachte:

Zu Aufgabe A21 gibt es drei verschiedene Lösungen. Da $\triangle ABC$ spitzwinklig ist, könnten auch auf $[BC]$ oder auf $[AC]$ zwei Quadrateckpunkte liegen (Figur P43b).

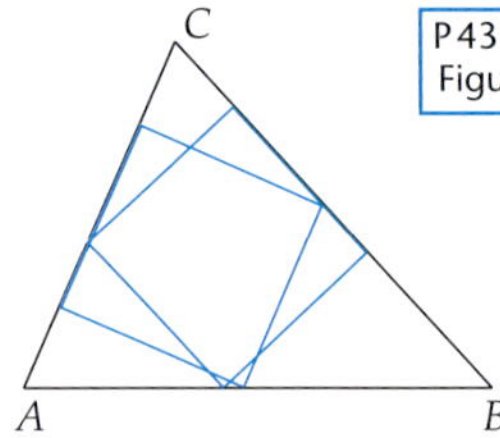

P43b Figur

b) Wie viele Lösungen hat die Aufgabe, wenn das Dreieck rechtwinklig bzw. wenn es stumpfwinklig ist?

6. Dreieckskonstruktionen

Zum Abschluss dieses Kapitels lernst du noch Beispiele für Dreieckskonstruktionen kennen, die mithilfe ähnlicher Dreiecke gelöst werden können.

Beispiel

Konstruiere ein $\triangle ABC$ mit dem Umfang $u = 8$ cm und den Streckenverhältnissen $a : b = 9 : 8$ und $b : c = 4 : 3$.
In der Planfigur (Figur P45) ist das Prinzip der Konstruktion dargestellt.

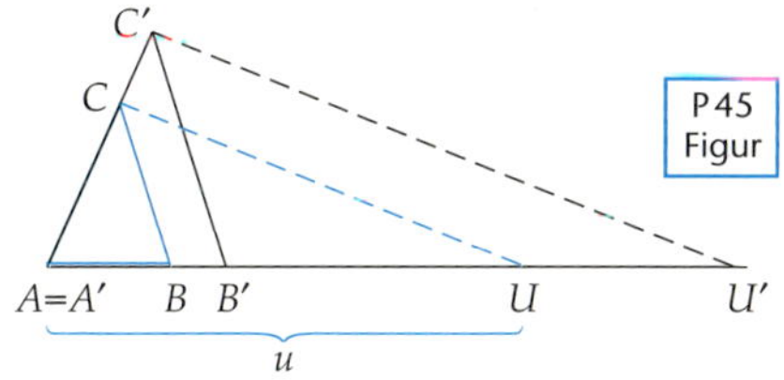

Zunächst muss ein Dreieck $A'B'C'$ mit den geforderten Streckenverhältnissen konstruiert werden.

$a' : b' = 9 : 8$ und $4 : 3 = b' : c'$

Diese beiden Zahlen müssen übereinstimmen, damit das Hilfsdreieck $A'B'C'$ mithilfe der drei Seitenlängen konstruiert werden kann.

Statt $a' : b' = 9 : 8$ können wir also schreiben: $a' : b' =$ .... : 4

Konstruiere nun in Figur 46 aus den Zeichnungsvorlagen das Dreieck $A'B'C'$ mit $a' =$ .... cm, $b' = 4$ cm und $c' = 3$ cm.

- ➡ Trage auf der Halbgeraden $[A'B'$ den Umfang u' des Hilfsdreiecks $A'B'C'$ ab mit:
  $\overline{A'U'} = u' = a' + b' + c' =$ .... cm
- ➡ Trage zusätzlich auf der Halbgeraden $[A'B'$ den Umfang u des gesuchten Dreiecks ABC ab mit $\overline{AU} = u = 8$ cm.
- ➡ Verbinde (mit gestrichelter Linie) C' und U'.
- ➡ Zeichne durch U die Parallele zu $C'U'$.
- ➡ Bezeichne den Schnittpunkt dieser Parallelen und der Halbgeraden $[A'C'$ mit C.
- ➡ Zeichne durch C die Parallele zu $B'C'$ und bezeichne ihren Schnittpunkt mit $[A'B']$ mit B.

Aufgaben

A 22

Im Zeichnungsteil findest du – als Figuren 47a, b, c – das Dreieck $A'B'C'$ mit $\alpha' = 60°$ und $\beta' = 50°$ dreimal vorgegeben.
Konstruiere jeweils das Dreieck ABC mit $\alpha = 60°$; $\beta = 50°$ und $h_c = 4$ cm. Um diese geforderte Länge $h_c = 4$ cm zu erreichen, sollst du die entsprechende zentrische Streckung von jedem der drei Eckpunkte ausführen.

A 23

Konstruiere ein Dreieck ABC mit dem Umfang $u = 15$ cm und den Streckenverhältnissen $a : b = 1 : 2$ und $b : c = 4 : 5$.
Erstelle die Konstruktion auf einem Extrablatt.

Satzgruppe des Pythagoras

Der Satz des Pythagoras ist sicher der bekannteste Satz der Mathematik – vielleicht, weil er bei der Lösung vieler praktischer Probleme angewandt wird. Einige dieser Anwendungsmöglichkeiten wirst du kennen lernen.

> Beachte, dass alle Sätze aus der Satzgruppe des Pythagoras nur für rechtwinklige Dreiecke gelten!

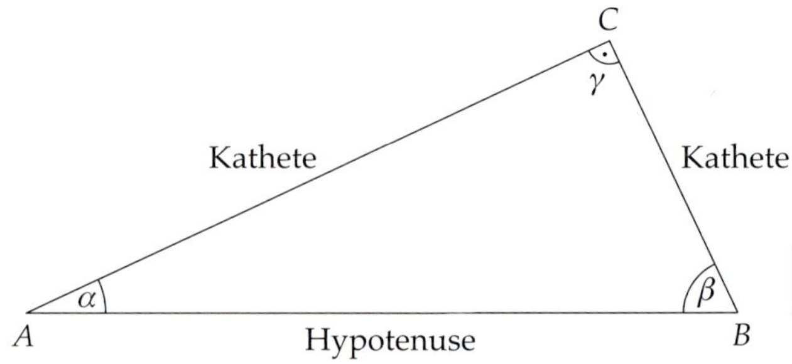

49 Figur

Die Bezeichnungen der Formeln beziehen sich immer auf solche rechtwinkligen Dreiecke ABC, bei denen der rechte Winkel bei C liegt ($\gamma = 90°$).

Die Seite, die dem rechten Winkel gegenüberliegt, heißt **Hypotenuse**.
Die Seiten, die den rechten Winkel bilden, heißen **Katheten**.

Erinnere dich:
Es gibt zwar in jedem Dreieck *drei* Höhen – von jedem Eckpunkt zur gegenüberliegenden Seite. Im rechtwinkligen Dreieck ist es aber möglich, von *der* Höhe (auf die Hypotenuse) zu sprechen, da die beiden anderen Höhen mit den Katheten zusammenfallen: $h_a = b$ und $h_b = a$
(Vergleiche ML 626, Abschnitt C 3.4.)

Der Fußpunkt D dieser Höhe teilt die Hypotenuse in zwei Abschnitte. Der Abschnitt, der bei A anliegt, wird mit q, der Abschnitt, der bei B anliegt, mit p bezeichnet.

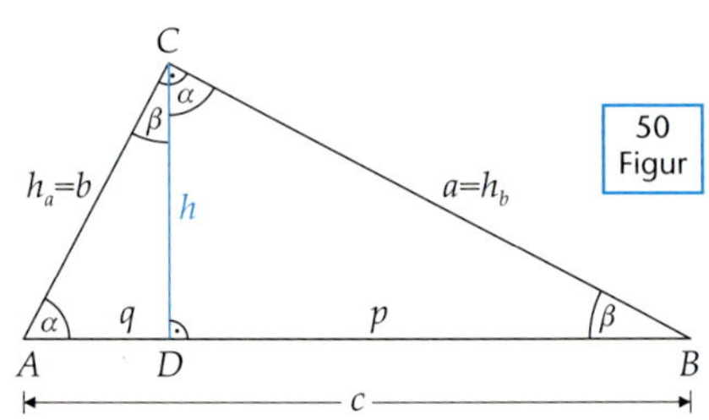

50 Figur

Da die Anordnung von p und q nicht verwechselt werden darf, eine kleine Merkhilfe:

Im Alphabet kommt p vor q, entsprechend liegt Strecke p bei Strecke a und Strecke q liegt bei Strecke b.

Falls du im Unterricht die Gesetzmäßigkeiten über so genannte *ähnliche Figuren* noch nicht kennen gelernt hast, kannst du zunächst den Abschnitt 4 dieses Kapitels durcharbeiten. Dort findest du eine andere Herleitung der folgenden Sätze; auch damit kannst du alle Beispiele und Aufgaben dieses Kapitels lösen.

Wenn du aber bereits weißt, was man unter ähnlichen Figuren versteht (erinnere dich an die Abschnitte A1.5 und A2), zeigt dir dieser Abschnitt eine Beweis-Alternative für den Satz des PYTHAGORAS sowie für den Höhensatz.

1. Kathetensätze

In Figur 50 wurde die Reihenfolge der Eckpunkte im $\triangle ACD$ bzw. $\triangle CBD$ so gewählt, dass man beim Winkel α beginnt, anschließend zum Winkel β und dann erst zum Winkel γ geht
Diese beiden Teildreiecke $\triangle ACD$ und $\triangle CBD$ sind jeweils ähnlich zum „ganzen" Dreieck $\triangle ABC$.
Denn jedes Teildreieck hat einen Winkel mit dem ganzen Dreieck gemeinsam und außerdem hat jedes Teildreieck bei D einen .... Winkel.

Erinnere Dich:
In ähnlichen Dreiecken liegen Strecken, die einander entsprechen, immer gegenüber von gleich großen Winkeln.

Mit $\triangle ABC \sim \triangle ACD$ gilt: $\frac{b}{c} = \frac{\ldots\ldots}{b} \quad | \cdot c \cdot b$

$\Rightarrow \quad b^2 = \ldots\ldots \cdot c$

Mit $\triangle ABC \sim \triangle CBD$ gilt: $\frac{a}{c} = \frac{\ldots\ldots}{a} \quad | \cdot c \cdot a$

$\Rightarrow \quad a^2 = \ldots\ldots \cdot c$

Als Flächengleichungen lassen sich die **Kathetensätze** so formulieren:

Im rechtwinkligen Dreieck ist das Quadrat über einer Kathete inhaltsgleich dem Rechteck aus der Hypotenuse und dem *anliegenden* Hypotenusenabschnitt.

$a^2 = p \cdot c$ bzw. $b^2 = q \cdot c$

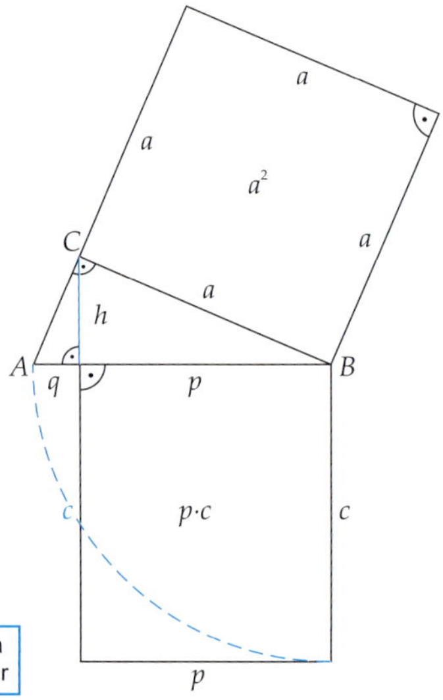

51 a
Figur

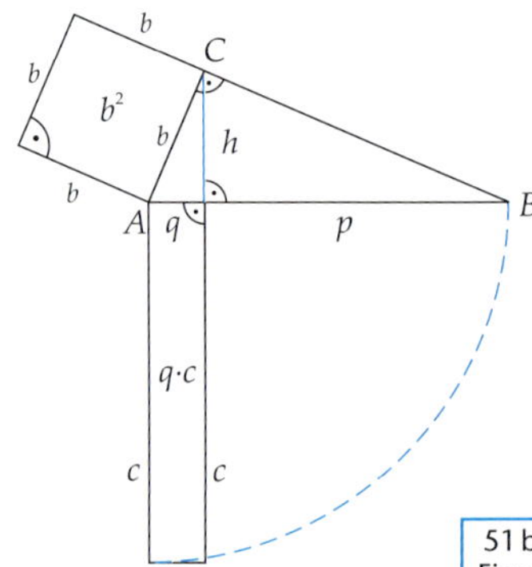

51 b
Figur

Mithilfe dieser Kathetensätze lässt sich das Flächenverwandlungsbeispiel zum Sekanten-Tangenten-Satz (Abschnitt 4.3) etwas schneller lösen.

Beispiel

Wieder soll das Rechteck mit den Seiten $x = 60\,\text{m}$ und $y = 35\,\text{m}$ in ein flächengleiches Quadrat verwandelt werden.

Zur Lösung mithilfe des Kathetensatzes $a^2 = p \cdot c$ benötigen wir ein rechtwinkliges Dreieck mit der Hypotenuse $c = x \mathrel{\hat{=}} 6\,\text{cm}$ und dem Hypotenusenabschnitt $p = y \mathrel{\hat{=}} 3{,}5\,\text{cm}$.
Wenn wir dieses rechtwinklige Dreieck konstruiert haben, müssen wir die Zentimeterlänge der Seite a nur noch in die Meterlänge der gesuchten Quadratseite s umrechnen.

In Figur 52 (Zeichnungsvorlagen) ist die Hypotenuse $\overline{AB} = 6\,\text{cm}$ gezeichnet.

➡ Zeichne den Punkt D ein mit $\overline{BD} = p = y \mathrel{\hat{=}}$ .... cm.

Für den fehlenden Eckpunkt C gilt: Er liegt auf der Höhe des rechtwinkligen Dreiecks. Also stehen DC und AB .... aufeinander.

➡ Errichte in D die Senkrechte zu AB.

Da der Winkel bei C 90° beträgt, liegt C auf dem .... kreis über $[AB]$.

➡ Zeichne den Thaleskreis über $[AB]$ und bezeichne seinen Schnittpunkt mit der Senkrechten mit C.

➡ Zeichne das Dreieck ABC und miss die Seitenlänge ab: $a =$ .... cm

Damit gilt für die gesuchte Quadratseite: $s =$ .... m

Aufgabe B1

Konstruiere mithilfe des Kathetensatzes $b^2 = q \cdot c$ in Figur 53 aus den Zeichnungsvorlagen eine Seite des Quadrates $PQRS$, das zu dem gezeichneten Rechteck $TUVW$ flächengleich ist, und zeichne das Quadrat über der konstruierten Seite.

2. Satz des Pythagoras

Die formelmäßige Darstellung dieses bekannten Satzes kennst du vielleicht schon. Wir werden sie aus den beiden Kathetensätzen herleiten.

Wenn wir die beiden Gleichungen der Kathetensätze addieren, ergibt sich

$$\begin{aligned} a^2 &= p \cdot c \\ + \; b^2 &= q \cdot c \\ \hline a^2 + b^2 &= p \cdot c + q \cdot c \end{aligned}$$

Auf der rechten Seite dieser Gleichung können wir c ausklammern:

$$a^2 + b^2 = c \cdot (p + q)$$

Da sich die Hypotenuse c aus den beiden Abschnitten p und q zusammensetzt, gilt:

$$(p + q) = c$$

Damit kann man die obige Gleichung umschreiben:

$$a^2 + b^2 = c \cdot c$$

bzw. $a^2 + b^2 = c^2$

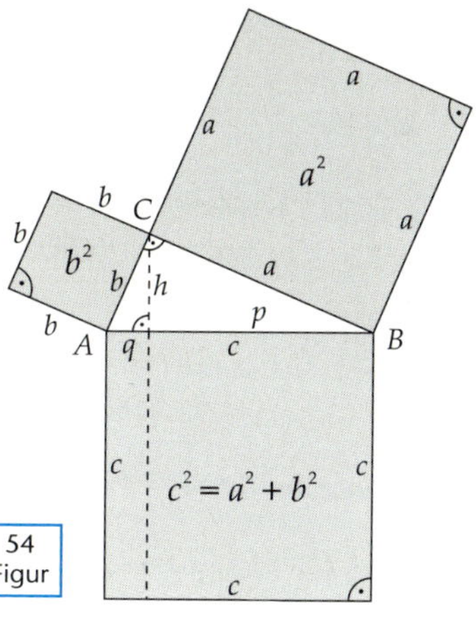

54 Figur

Als Flächengleichung können wir den **Satz des Pythagoras** so formulieren:

Im rechtwinkligen Dreieck ist die Summe der Kathetenquadrate inhaltsgleich zum Hypotenusenquadrat.

$a^2 + b^2 = c^2$

Die Hauptbedeutung des „PYTHAGORAS" liegt in der Möglichkeit, mit seiner Hilfe Streckenlängen zu berechnen:

Beispiel 1

In einem rechtwinkligen Dreieck soll gelten: $a = 3\,\text{cm}$; $b = 4\,\text{cm}$ und $\gamma = 90°$

Wie lang ist die Hypotenuse c?

Wenn wir die gegebenen Längen in die Gleichung

$c^2 = a^2 + b^2$ einsetzen, ergibt sich:

$c^2 = (3\,\text{cm})^2 + (4\,\text{cm})^2$

$c^2 = 9\,\text{cm}^2 + \ldots\ldots\ldots\ \text{cm}^2$

$c^2 = \ldots\ldots\ldots\ \text{cm}^2 \quad | \sqrt{}$

Um c zu erhalten, müssen wir auf beiden Seiten dieser Gleichung die Wurzel ziehen:

$\Rightarrow \quad c = \ldots\ldots\ldots\ \text{cm}$

(Da es keine negativen Längen gibt, müssen wir keine Fallunterscheidung machen: $c_1 = +5\,\text{cm}$; ~~$c_2 = -5\,\text{cm}$~~)

Beispiel 2

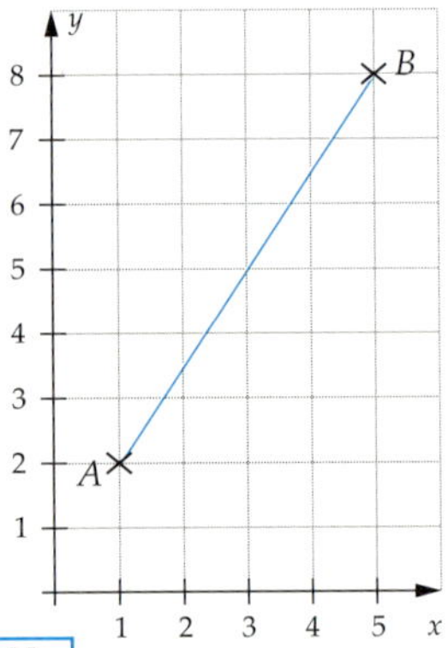

55 Figur

Auch Strecken im Koordinatensystem lassen sich mithilfe des Satzes von PYTHAGORAS berechnen.

In Figur 55 ist die Strecke $[AB]$ gezeichnet mit $A\,(1\,|\,2)$ und $B\,(5\,|\,8)$.

Berechne die Länge der Strecke $\overline{AB}$.

Wenn du in die Figur 55 noch den Punkt $C\,(1\,|\,8)$ einträgst und C mit A und B verbindest, erkennst du den Zusammenhang mit dem Satz des PYTHAGORAS:

$\overline{AB}^2 = \overline{CB}^2 + \overline{AC}^2$

Lies die Strecken in der Längeneinheit der Koordinatenachsen aus der Zeichnung bzw. aus den Koordinaten der Punkte ab und setze sie ohne Benennung ein:

$\overline{AB}^2 = 4^2 + \ldots\ldots\ldots^2$

$\overline{AB}^2 = 16 + \ldots\ldots\ldots$

$\overline{AB}^2 = \ldots\ldots\ldots \quad | \sqrt{}$

$\Rightarrow \quad \overline{AB} = \ldots\ldots\ldots\ldots$ (Verwende deinen Taschenrechner; Genauigkeit auf 2 Stellen hinter dem Komma.)

Mithilfe einer Gleichungsumstellung lässt sich auch das Problem auf der nächsten Seite lösen:

In einem rechtwinkligen Dreieck ist gegeben: $a = 5$ cm; $c = 10$ cm; $\gamma = 90°$ **Beispiel 3**

Wie lang ist die Kathete b?

Bevor du die gegebenen Längen in die Gleichung

$a^2 + b^2 = c^2$ einsetzt, kannst du sie nach b^2 auflösen:

$$a^2 + b^2 = c^2 \quad | -a^2$$

$$b^2 = c^2 \ \ldots\ldots\ldots\ldots$$

$$b^2 = 100 \text{ cm}^2 - \ldots\ldots\ldots \text{ cm}^2$$

$$b^2 = \ldots\ldots\ldots \text{ cm}^2 \quad | \sqrt{\ }$$

$$\Rightarrow \quad b = \ldots\ldots\ldots \text{ cm}$$

Als Flächengleichung ermöglicht der Satz des PYTHAGORAS auch die Lösung dieses Problems:

In Figur 56 (Zeichnungsvorlage) ist ein Quadrat $PQRS$ gezeichnet; konstruiere dazu ein Quadrat mit doppelt so großer Fläche. **Beispiel 4**

Hinweis:
Wenn du die Punkte S, Q und R umbenennst in A, B und C, dann ist $[AB]$ die gesuchte Hypotenuse eines *gleichschenkligen* rechtwinkligen Dreiecks ($\overline{BC} = \overline{AC}$) ! Zeichne in Figur 56 über der Hypotenuse das gesuchte Quadrat.

Der Satz des PYTHAGORAS $a^2 + b^2 = c^2$ lautet hier: $\underbrace{a^2 + a^2}_{} = c^2$

bzw. $2a^2 = c^2$

c^2 ist also doppelt so groß wie a^2.

Aufgaben B2

a) Im Dreieck ABC sind gegeben: $a = 12$ cm, $b = 5$ cm und $\gamma = 90°$
Berechne die Länge der Seite c.

$c = \ldots\ldots\ldots$ cm

b) Im rechtwinkligen Dreieck PQR mit dem rechten Winkel bei P sind gegeben:
$\overline{RP} = 9$ cm und $\overline{QR} = 15$ cm

Berechne die Länge der Seite: $\overline{QP} = \ldots\ldots\ldots$ cm

P 57 Figur

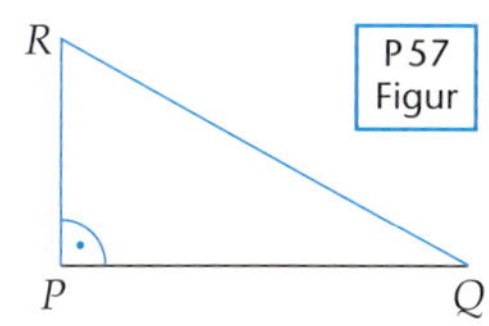

c) Im rechtwinkligen Dreieck STU mit dem rechten Winkel bei T sind gegeben:
$\overline{TU} = 7$ dm und $\overline{US} = 25$ dm

Berechne die Länge der dritten Seite: $\overline{ST} = \ldots\ldots\ldots$ dm

P 58 Figur

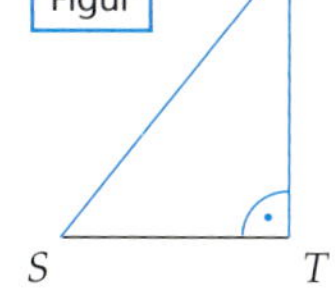

B3 Im Koordinatensystem der Figur 59 aus dem Zeichnungsteil sind die Punkte A, B, P und Q eingezeichnet.
Markiere dir jeweils einen Hilfspunkt (vergleiche Figur 55 aus Beispiel 2), zeichne die entsprechenden Dreiecke gestrichelt ein und berechne die gesuchten Strecken in der Längeneinheit der Koordinatenachsen.

a) Lies die Koordinaten ab A (......... | ....) B (......... | ....)
und berechne mithilfe eines Hilfspunktes C, der A und B zu einem rechtwinkligen Dreieck ergänzt:

$\overline{AB}^2 = \ldots\ldots^2 + \ldots\ldots^2$

$\overline{AB}^2 = \ldots\ldots\ldots\ldots$

$\Rightarrow \quad \overline{AB} = \ldots\ldots\ldots\ldots$

b) Lies die Koordinaten ab. P (......... | ....), Q (......... | ....) und berechne

$\overline{PQ}^2 = \ldots\ldots^2 + \ldots\ldots^2$

$\overline{PQ}^2 = \ldots\ldots\ldots\ldots$

$\Rightarrow \quad \overline{PQ} = \ldots\ldots\ldots\ldots$

B4 In Figur 60 (Zeichnungsvorlage) ist ein Quadrat *EFGH* gezeichnet. Konstruiere dazu ein Quadrat mit halb so großer Fläche.

Hinweis:
Dies ist die Umkehrung der Problemstellung von Beispiel 4.

B5 Der Satz des PYTHAGORAS hilft auch, an der schiefen Ebene bei zwei gegebenen Strecken die fehlende Länge zu berechnen.

Bei der schiefen Ebene (vergleiche Planfigur 61) sei gegeben: $l = 85$ m und $b = 84$ m
Berechne die Höhe h der schiefen Ebene.

$h = \ldots\ldots\ldots$ m

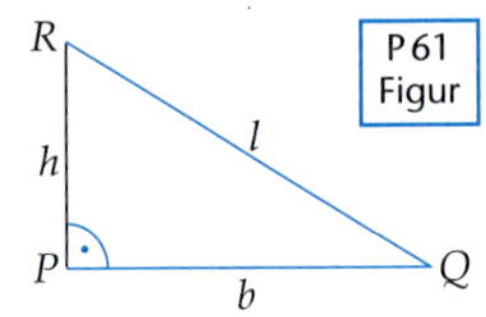

P61 Figur

B6 a) Bestimme die Formel zur Berechnung der Länge der Diagonalen d im Quadrat mit der Seite a.

$d^2 = a^2 + \ldots\ldots^2$

$d^2 = 2 \cdot \ldots\ldots\ldots \quad | \sqrt{}$

$\Rightarrow \quad d = \sqrt{2} \cdot \ldots\ldots\ldots$ (Vergleiche ML 630; Stichwort: teilweise radizieren)

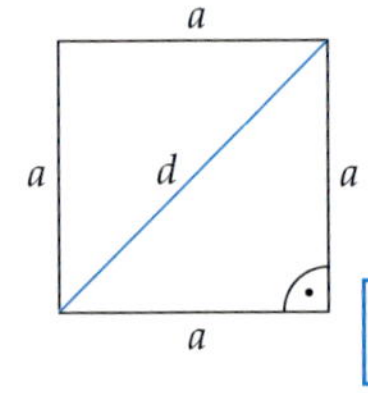

P62 Figur

b) In Worten:
Die Länge der *Diagonale eines Quadrats* ist gleich der Länge der
.... mal der Wurzel aus 2.

c) Berechne nach dieser Formel und mit dem Taschenrechner die Länge der Diagonale d im Quadrat mit der Seitenlänge $a = 5\,\text{cm}$:

$d = \sqrt{2} \cdot \text{......}\ \text{cm} = \text{..............}\ \text{cm}$

B7

a) Bestimme die Formel zur Berechnung der Länge der *Diagonalen d im Rechteck* mit den Seiten a und b:

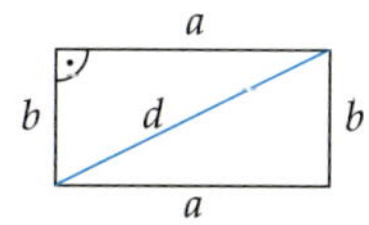

P63
Figur

$d^2 = \text{......}^2 + \text{......}^2$

$\Rightarrow \quad d = \sqrt{\text{......}^2 + \text{......}^2}$

Beachte, dass du die Wurzel nicht aus den einzelnen Summanden *unter der Wurzel* ziehen darfst:

$\sqrt{4^2 + 3^2} = \sqrt{16 + 9} = \sqrt{25} = 5$

aber $\sqrt{4^2} + \sqrt{3^2} = \sqrt{16} + \sqrt{9} = 4 + 3 = 7$

b) Berechne mithilfe der Formel und deinem Taschenrechner die Länge der Diagonalen d im Rechteck mit den Seitenlängen $a = 7\,\text{cm}$ und $b = 6\,\text{cm}$:

$d = \sqrt{\text{..........}\ \text{cm}^2 + \text{..........}\ \text{cm}^2} = \text{..........}\ \text{cm}$

B8

a) Bestimme die Formel zur Berechnung der Länge der Höhe h im gleichseitigen Dreieck mit den Seiten a:

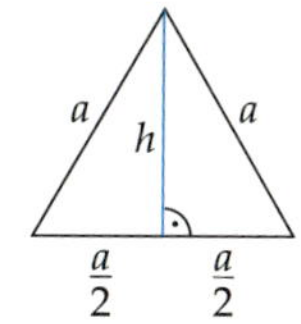

P64
Figur

Für die beiden Teildreiecke ergibt sich der Satz des Pythagoras:

$h^2 + \left(\frac{a}{2}\right)^2 = \text{..........} \qquad \Big| - \left(\frac{a}{2}\right)^2$

$h^2 = \text{..........} - \left(\frac{a}{2}\right)^2 \qquad$ | löse die Klammer auf

$h^2 = \text{..........} - \frac{\text{..........}}{\text{..........}} \qquad$ | fasse zusammen

$h^2 = \frac{\text{......}}{\text{......}} \cdot a^2$

$\Rightarrow \quad h = \sqrt{\frac{\text{......}}{\text{......}}} \cdot a$

bzw. $\quad h = \sqrt{\text{......}}\ \frac{a}{2}$

b) Berechne mithilfe dieser Formel die Läge der *Höhe h im gleichseitigen Dreieck* mit den Seiten $a = 5$ cm:

$$h = \sqrt{\dots\dots} \cdot \frac{\dots\dots \text{ cm}}{2} = \dots\dots\dots\dots \text{ cm}$$

c) Bestimme mit der Höhenformel aus Teilaufgabe a) die Formel zur Berechnung des Flächeninhaltes des gleichseitigen Dreiecks mit der Seite a:

allgemein: $A_\triangle = \frac{g \cdot h}{2}$

hier $A_\triangle = \frac{a \cdot \sqrt{\dots\dots} \cdot \dots\dots}{2}$

bzw. $A_\triangle = \frac{\sqrt{\dots\dots} \cdot \dots\dots}{4}$

d) Berechne mithilfe dieser Formel den Flächeninhalt des gleichseitigen Dreiecks mit den Seiten $a = 5$ cm.

$$A = \frac{\sqrt{\dots\dots} \cdot \dots\dots\dots \text{ cm}^2}{\dots\dots} = \dots\dots\dots\dots\dots \text{ cm}^2$$

3. Höhensatz

Die Formel dieses letzten Satzes aus der Satzgruppe des PYTHAGORAS lässt sich wieder mithilfe ähnlicher Dreiecke beweisen.

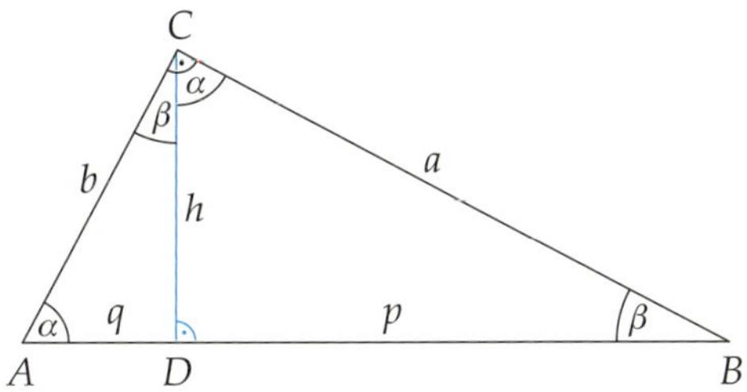

65 Figur

Die Kathetensätze (Abschnitt B 1) haben wir aus der Eigenschaft hergeleitet, dass die beiden Teildreiecke $\triangle ACD$ und $\triangle CBD$ ähnlich sind zu $\triangle ABC$. Jetzt stützen wir uns auf die Ähnlichkeit der Teildreiecke zueinander.

Mit $\triangle ACD \sim \triangle CBD$ gilt:

$$\frac{h}{q} = \frac{\dots\dots}{\dots\dots} \quad \Big| \cdot q \cdot h$$

$$\Rightarrow \quad h^2 = \dots\dots \cdot q$$

Als Flächengleichung lässt sich der Höhensatz so formulieren:

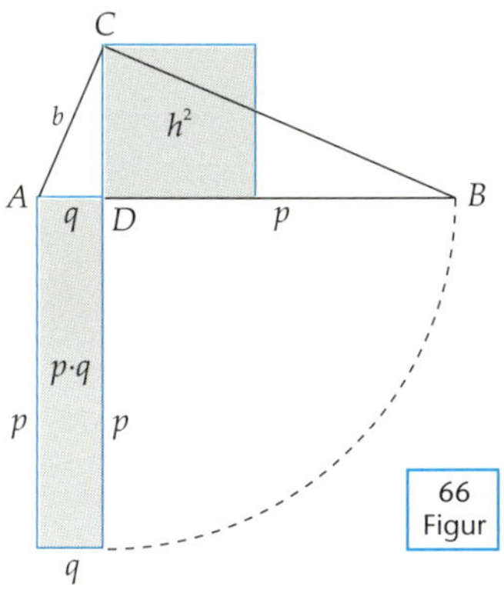

66 Figur

Im rechtwinkligen Dreieck ist das Quadrat über der Höhe inhaltsgleich mit dem Rechteck aus den Hypotenusenabschnitten.

$$h^2 = p \cdot q$$

4. PYTHAGORAS zum Zweiten

Auf den folgenden Seiten lernst du noch eine weitere Beweismöglichkeit des Satzes von PYTHAGORAS kennen, ohne dass wir uns dabei nur auf die Gesetzmäßigkeiten ähnlicher Figuren stützen.

Diese Beweis-Alternative soll dir zeigen, dass du in der Mathematik auf sehr unterschiedlichen Wegen zum gleichen Ziel kommen kannst. Mögli-

cherweise erinnerst du dich noch an das Kapitel A 3 im Band 626 der Mentor Lernhilfen; dort wurden drei verschiedene Wege aufgezeigt, die alle zum gleichen Ziel führen. Vielleicht kannst du an solchen Beispielen sehen, dass die Mathematik auch recht abwechslungsreich sein kann.

Für die Beweis-Alternative stütze ich mich auf die bereits bekannte Formel zur Berechnung der Parallelogrammfläche:

$$A = g \cdot h$$

Diese Formel besagt auch: „Wenn zwei Parallelogramme in einer Seite und der zugehörigen Höhe übereinstimmen, sind sie flächengleich."
(Beachte im Folgenden, dass sowohl Quadrate als auch Rechtecke jeweils Sonderformen von Parallelogrammen sind.)

In Figur 67a sind das Quadrat *CBEF* und das Parallelogramm *CBGH* flächengleich.
(denn: $\overline{CB}$ gemeinsame Seite, $\overline{CF}$ zugehörige Höhe)

Für die Hypotenuse im $\triangle ABC$ gilt:

$$c = \overline{BG} \quad (\text{da } \triangle ABC \cong \triangle GBE)$$

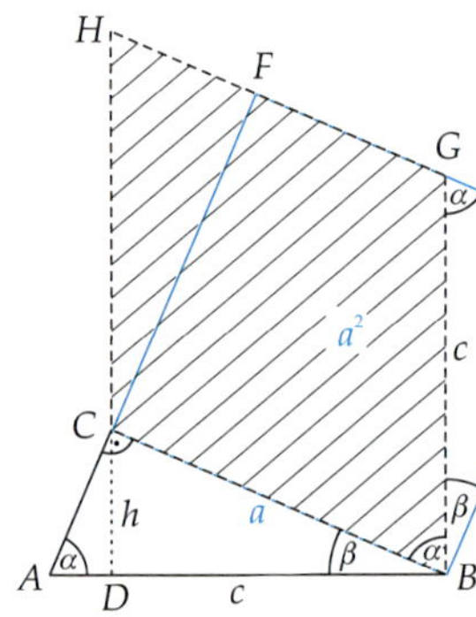

67 a Figur

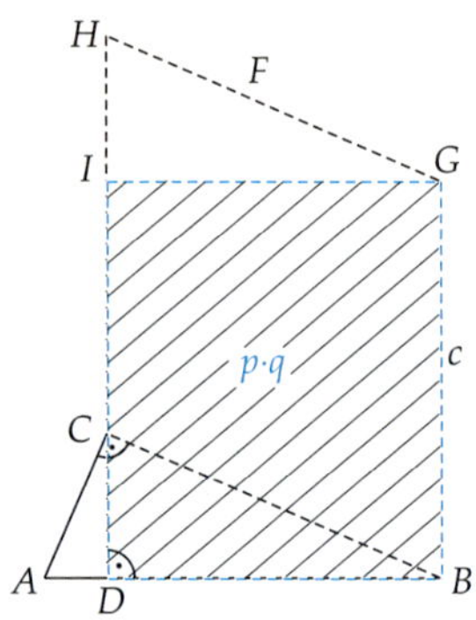

67 b Figur

In Figur 67b sind das Parallelogramm *CBGH* und das Rechteck *DBGI* flächengleich.
(denn: $\overline{BG}$ gemeinsame Seite; $\overline{GI}$ zugehörige Höhe)

In Figur 67c wurde das schraffierte Rechteck aus Figur 67b „nach unten geklappt" und mit dem dazu flächengleichen Quadrat aus Figur 67a kombiniert. Sie stellt das erste Zwischenergebnis übersichtlich dar:

$$a^2 = p \cdot c$$

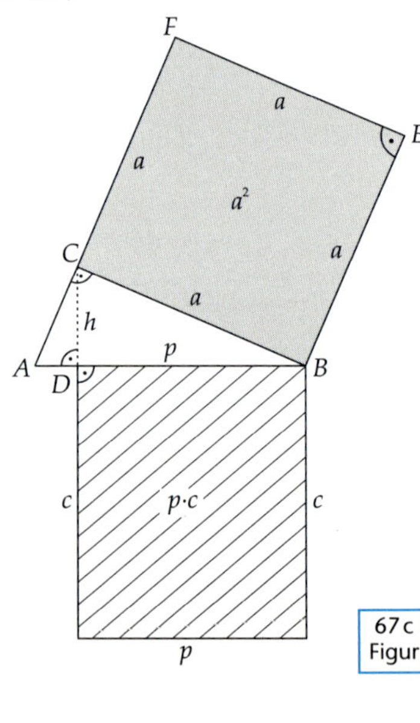

67 c Figur

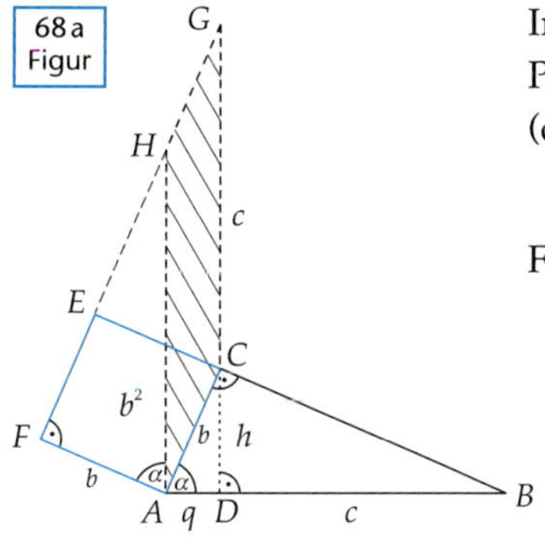

68a
Figur

In Figur 68a sind das Quadrat $ACEF$ und das Parallelogramm $ACGH$ flächengleich.
(denn: $\overline{AC}$ gemeinsame Seite; $\overline{CE}$ zugehörige Höhe)

Für die Hypotenuse im $\triangle ABC$ gilt hier:

$$c = \overline{AH}$$

(denn: $\triangle ABC \cong \triangle CGE$; $\overline{CG} = \overline{AH}$ im Parallelogramm)

In Figur 68b sind das Parallelogramm $ACGH$ und das Rechteck $ADIH$ flächengleich.
(denn: $\overline{AH}$ gemeinsame Seite; $\overline{HI}$ zugehörige Höhe)

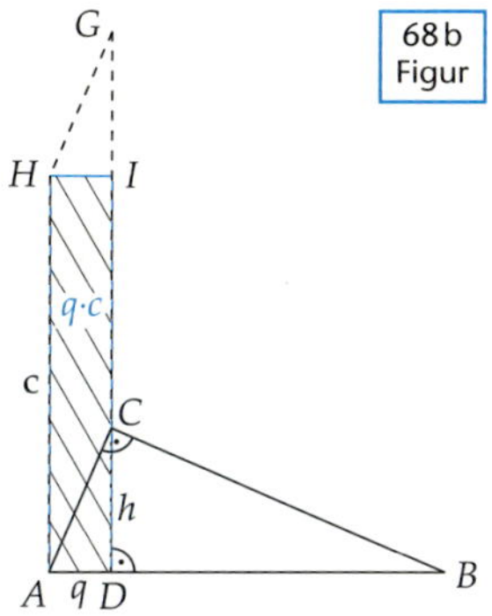

68b
Figur

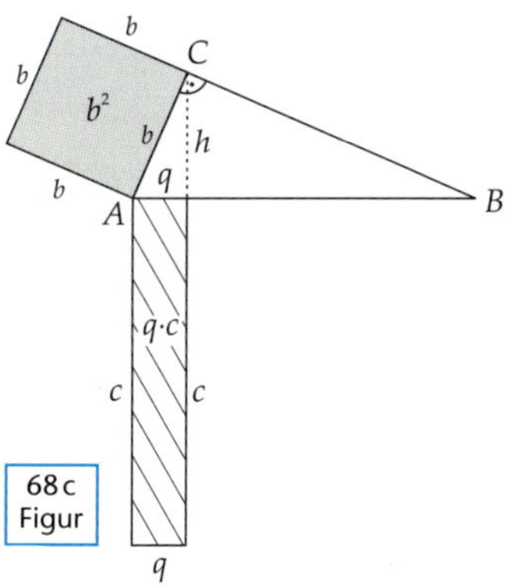

68c
Figur

In Figur 68c wurde das schraffierte Rechteck „nach unten geklappt" und das zweite Zwischenergebnis übersichtlich dargestellt:

$$b^2 = q \cdot c$$

In Figur 69 wurden die beiden Figuren 67c und 68c zusammen dargestellt und du kannst das Ergebnis ablesen:

$$c^2 = p \cdot c + q \cdot c$$

bzw. $c^2 = a^2 + b^2$

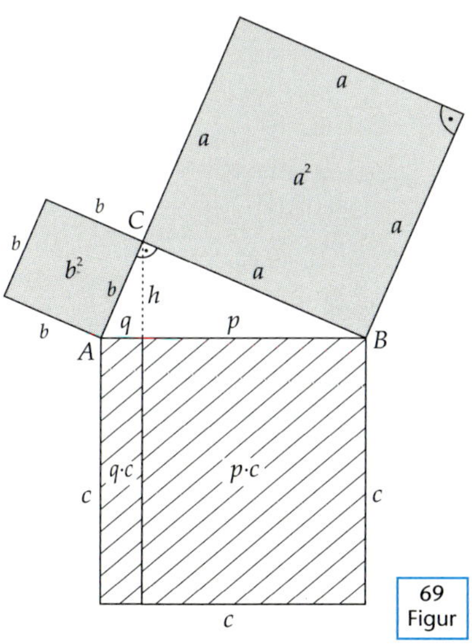

69
Figur

Auch der *Höhensatz* lässt sich ohne Ähnlichkeitssätze beweisen.

Beweis Im Dreieck ADC (Figur 69) gilt aufgrund des Satzes des PYTHAGORAS, den wir gerade nochmals bewiesen haben:

$$h^2 + q^2 = b^2$$

Im Dreieck BCD (Figur 69) gilt: $h^2 + p^2 = a^2$

Wenn wir die beiden Gleichungen addieren, ergibt sich:

$$\begin{aligned}
2h^2 + p^2 + q^2 &= \underbrace{a^2 + b^2} \\
2h^2 + p^2 + q^2 &= c^2 \\
2h^2 + p^2 + q^2 &= (p + q)^2 \\
2h^2 + \cancel{p^2} + \cancel{q^2} &= \cancel{p^2} + 2pq + \cancel{q^2} \\
\cancel{2}h^2 &= \cancel{2}pq
\end{aligned}$$

kurz: $h^2 = p \cdot q$

5. Algebraische Anwendungen

Eine Auswahl von Anwendungsmöglichkeiten der Satzgruppe des PYTHAGORAS

$$\left.\begin{aligned} a^2 &= \ldots\ldots \cdot \ldots\ldots \\ b^2 &= \ldots\ldots \cdot \ldots\ldots \end{aligned}\right\}$$ Kathetensätze

$a^2 + b^2 = \ldots\ldots^2$ Satz des PYTHAGORAS

$\ldots\ldots^2 = p \cdot q$ Höhensatz

findest du in den folgenden Aufgaben zusammengestellt.

Beachte dabei immer, dass diese Sätze nur in rechtwinkligen Dreiecken angewendet werden können!

Wenn du zu den obigen Gleichungen noch den Zusammenhang

$$c = p + q$$

sowie die beiden Flächengleichungen für rechtwinklige Dreiecke

$$A = \frac{c \cdot h}{2}$$

$$A = \frac{a \cdot b}{2}$$

hinzunimmst, kannst du mithilfe dieser sieben Gleichungen alle Berechnungen in diesem Zusammenhang durchführen!

Als Strategie für die Lösung der nachfolgenden Aufgaben kannst du dir folgende Schritte einprägen:

- Suche zunächst ein rechtwinkliges (Teil-)Dreieck, in dem neben dem rechten Winkel zwei der gegebenen Stücke vorkommen.
- Nach möglichen Anfangsschwierigkeiten wird es dir auch gelingen, die jeweiligen Bezeichnungen richtig anzuwenden. Denn der Satz des PYTHAGORAS $a^2 + b^2 = c^2$ lässt sich auch auf die rechtwinkligen Teildreiecke übertragen! Günstig ist es dabei, wenn du neben der Formel auch die Wortformulierung im Kopf hast:

  Die Summe der Kathetenquadrate ist inhaltsgleich dem Hypotenusenquadrat.

  Denn die Hypotenuse erkennst du immer daran, dass sie gegenüber dem rechten Winkel liegt.
- Überlege dir dann, welche der soeben zusammengestellten sieben Gleichungen nur noch eine Unbekannte enthält, wenn du die Gleichung auf das ausgewählte (Teil-)Dreieck anwendest.
- Wenn sich keine Gleichung finden lässt, die nur eine Unbekannte enthält, kann es sein, dass du auf das Prinzip „Zwei Gleichungen mit zwei Unbekannten" (vergleiche ML 621, Kapitel D) zurückgreifen musst.

Aufgaben

Die Aufgaben B 9 und B 12 sind als *Musteraufgaben* mit vorgegebenem Lösungsweg konzipiert; sie sollen dich in die jeweiligen Lösungsstrategien einführen.

B 9

Für das Dreieck ABC gilt: $\gamma = 90°$; $a = 7$ cm; $h = 3$ cm

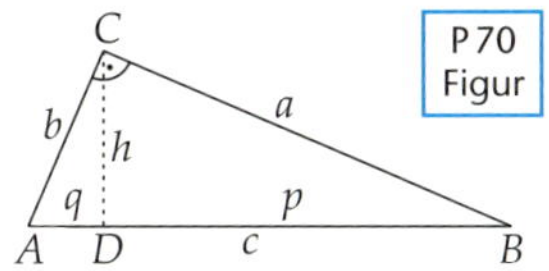

P70 Figur

Berechne p, q, c, b und A jeweils auf zwei Stellen hinter dem Komma.

Markiere zunächst in der Planfigur (Figur P70) die gegebenen Stücke mit Farbe.

Da das $\triangle CBD$ bei .... rechtwinklig ist, lässt sich nach dem Satz des PYTHAGORAS berechnen:

$$p^2 + h^2 = \ldots\ldots^2 \qquad | - h^2$$

$$p^2 = \ldots\ldots^2 - h^2$$

$$p^2 = \ldots\ldots\ldots \text{ cm}^2 - 9 \text{ cm}^2$$

$$p^2 = \ldots\ldots\ldots \text{ cm}^2$$

$$\Rightarrow \quad p = \ldots\ldots\ldots\ldots \text{ cm}$$

→

Mithilfe des Höhensatzes kannst du q berechnen: $q \cdot p = \text{.........} \quad | :p$

$$q = \frac{\text{.........}}{p}$$

$$q = \frac{\text{.........}\ \text{cm}^2}{\text{cm}}$$

....

Mit p und q hast du auch c berechnet: $c = \text{......} + \text{......}$

$c = \text{.........}\ \text{cm} + \text{.........}\ \text{cm}$

$c = \text{.........}\ \text{cm}$

Mithilfe des Satzes von PYTHAGORAS kannst du jetzt b berechnen:

$a^2 + b^2 = c^2 \quad | - \text{.........}$

$b^2 = c^2 - \text{......}$

$b^2 = \text{.........}\ \text{cm}^2 - \text{.........}\ \text{cm}^2$

$b^2 = \text{.........}\ \text{cm}^2$

$\Rightarrow \quad b = \text{.........}\ \text{cm}$

Berechne den Flächeninhalt auf zwei Wegen:

$$A_1 = \frac{c \cdot h}{2} \quad \Rightarrow \quad A_1 = \frac{\text{.........}\ \text{cm} \cdot \text{.........}\ \text{cm}}{2} = \text{.........}\ \text{cm}^2$$

$$A_2 = \frac{a \cdot b}{2} \quad \Rightarrow \quad A_2 = \frac{\text{.........}\ \text{cm} \cdot \text{.........}\ \text{cm}}{2} = \text{.........}\ \text{cm}^2$$

B10 Für das Dreieck ABC gilt: $\gamma = 90°$; $p = 18$ cm; $q = 32$ cm
Berechne c, h, a, b und A.

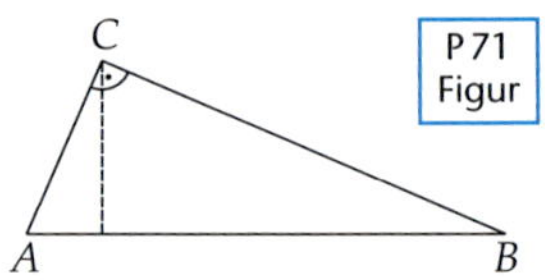

P71 Figur

Markiere zunächst in der Planfigur (Figur P71) die gegebenen Strecken mit Farbe.

$c = \text{......} + \text{......}$

$c = \text{.........}\ \text{cm} + \text{.........}\ \text{cm} = \text{.........}\ \text{cm}$

$h^2 = \text{......} \cdot \text{......}$

$h^2 = \text{.........}\ \text{cm} \cdot \text{.........}\ \text{cm} = \text{.........}\ \text{cm}$

$\Rightarrow \quad h = \text{.........}\ \text{cm}$

Berechne auf einem Beiblatt selbstständig die beiden Katheten a und b sowie den Flächeninhalt A.

B11

Für das Dreieck ABC gilt: $\gamma = 90°$; $b = 36$ cm; $A = 270$ cm²
Berechne a, p, q und h.

$$A = \frac{a \cdot \dots\dots}{\dots\dots} \quad \Rightarrow \quad a = \frac{A \cdot \dots\dots}{\dots\dots}$$

$$a = \frac{270\text{ cm}^2 \cdot \dots\dots\dots}{\dots\dots\dots} = \dots\dots\dots \text{ cm}$$

Berechne auf einem Beiblatt die Strecken c, p, q und h.

Die Aufgaben B12, B13 und B14 kannst du nur lösen, wenn du in Algebra bereits die Lösung gemischt quadratischer Gleichungen gelernt hast! (Vergleiche ML 630.)

Aufgaben B12

Für das Dreieck ABC gilt: $\gamma = 90°$; $c = 25$ cm; $A = 150$ cm²
Berechne h, p, q, a und b.

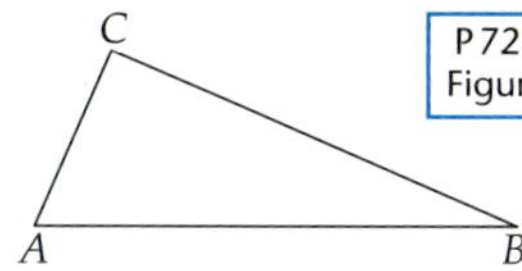

P72 Figur

$$A = \frac{\dots\dots \cdot h}{2} \quad \Rightarrow \quad h = \frac{A \cdot \dots\dots}{\dots\dots}$$

$$h = \frac{\dots\dots\dots\text{ cm}^2 \cdot \dots\dots\dots}{\dots\dots\dots} = \dots\dots\dots \text{ cm}$$

Markiere nun in der Planfigur (Figur P72) die bereits bekannten Strecken c und h mit Farbe.

Du siehst, dass weder in einem der Teildreiecke noch im „großen" Dreieck zwei Seiten gegeben sind; damit lässt sich keine weitere Strecke direkt berechnen. Algebraisch drückt sich das dadurch aus, dass du unter den sieben Gleichungen vom Anfang dieses Abschnitts keine Gleichung findest, die *nur eine Unbekannte* enthält.

Jetzt geht es also darum, zwei Gleichungen zu finden, die zwei der gesuchten – und sonst nur bekannte – Größen enthalten.

Wenn wir die beiden Gleichungen

$h^2 = p \cdot q$ **I**

und $c = p + q$ **II**

zu einem *Gleichungssystem* kombinieren, kommen wir weiter:

Denn zwei Gleichungen mit zwei Unbekannten (hier p und q) sind lösbar.

$c - p = q$ **II′**

II′ in I: $h^2 = p \cdot (c - p)$

$\Rightarrow$ $h^2 = p \cdot c - p^2$

→

Setze die Größen für h und c ohne Benennung ein:

$$\text{..............} = 25p - p^2 \qquad | + p^2 - 25p$$

Ordne diese quadratische Gleichung: $p^2 - 25p + \text{..............} = 0$

Löse die quadratische Gleichung nach der Formel $p_{1,2} = \dfrac{-b \pm \sqrt{b^2 - 4ac}}{2a}$ auf einem Beiblatt:

$p_1 =$ .... cm $\quad p_2 =$ .... cm

Berechne mithilfe der Gleichung **II'**: $q_1 =$ .... cm $\quad q_2 =$ .... cm

Du siehst, dass p_1, p_2 und q_1, q_2 keine unabhängigen Lösungen sind, denn es gilt $p_1 =$ .... und $p_2 =$ ....

Du kannst daher p_2 und q_2 in diesem Fall einklammern und mit p_1 und q_1 weiterrechnen.
Die noch fehlenden Größen kannst du jetzt (auf einem Beiblatt) leicht berechnen:

$a =$ .... cm $\quad b =$ .... cm

B13 Für das Dreieck ABC gilt: $\gamma = 90°$; $c = 169$ cm; $A = 5070$ cm²
Berechne auf einem Beiblatt nach dem Schema der Aufgabe B12 die Strecken h, p, q, a und b.

B14 Für das Dreieck ABC gilt: $\gamma = 90°$; $a = 60$ cm; $q = 27$ cm
Berechne c, p, h, b und A.

Lösungshinweis:
Wieder gibt es keine Gleichung, die nur eine Unbekannte hat. Deshalb müssen wir auch hier ein System aus zwei Gleichungen mit zwei Unbekannten lösen:

$$a^2 + b^2 = c^2 \qquad \mathbf{I}$$
$$b^2 = q \cdot c \qquad \mathbf{II}$$

II in I: $a^2 + q \cdot c = c^2$

Bringe diese quadratische Gleichung für c auf die Normalform, setze die gegebenen Längen (ohne Benennung) ein und löse die Gleichung. Als Lösungen ergeben sich $c_1 =$ .... und $c_2 =$ ....

Da es keine negativen Längen gibt, gilt für die Hypotenuse:

$c =$ .... cm
Berechne damit die Strecken p, h und b sowie den Flächeninhalt A.

B 15

Von einem Parallelogramm *ABCD* sind die Strecken gegeben:

$\overline{DC} = 9\,\text{cm}$, $h_a = 4\,\text{cm}$ und $\overline{EB} = 6\,\text{cm}$

Berechne die Längen der Strecken $\overline{AE}$, $\overline{BC}$, $\overline{EC}$ und $\overline{DB}$.

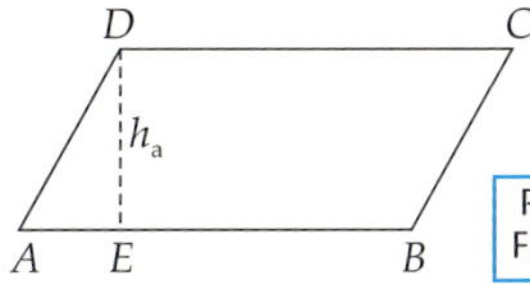

P 73 Figur

Markiere zunächst in der Planfigur (Figur P 73) die gegebenen Strecken mit Farbe.

Zur Erinnerung:
Im Parallelogramm gilt $\overline{AB}$ = ... und $\overline{AD}$ = ...

Berechne auf einem Beiblatt: $\overline{AE}$ = ... cm $\overline{BC}$ = ... cm

$\overline{EC}$ = ... cm $\overline{DB}$ = ... cm

B 16

Von einem Trapez *ABCD* (mit $AB \parallel CD$) sind die Strecken gegeben:

$\overline{DC} = 4\,\text{m}$; $\overline{AB} = 14\,\text{m}$; $\overline{AF} = 2\,\text{m}$; $\overline{CB} = 10\,\text{m}$

P 74 Figur

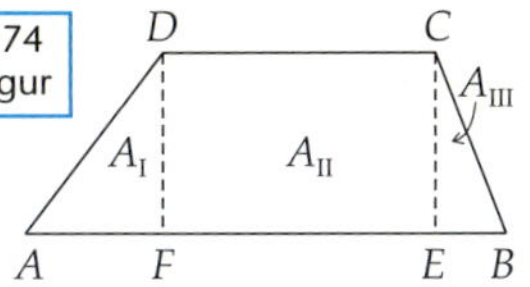

Berechne die Längen der Strecken $\overline{AD}$, $\overline{DF}$, $\overline{EC}$ und den Flächeninhalt des Trapezes *ABCD* aus den Teilflächen.

Markiere zunächst in der Planfigur (Figur P 74) die gegebenen Strecken mit Farbe.
Berechne auf einem Beiblatt:

$\overline{EC}$ = ... m; $\overline{DF}$ = ... m; $\overline{AD}$ = ... m

A_{Trapez} = ... m^2

6. Konstruktion des 10-Ecks

Dem Kreis mit dem Radius *r* soll ein reguläres 10-Eck einbeschrieben werden. (Bei einem regulären Vieleck sind alle Seiten gleich lang und alle Winkel sind jeweils gleich groß.) Als Figur P 75 siehst du die entsprechende Planfigur.

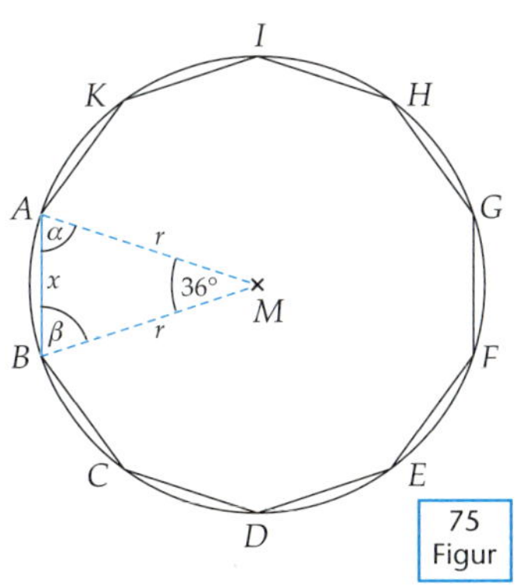

75 Figur

In Figur P 75 ist ein „Bestimmungsdreieck" *ABM* des 10-Ecks durch Farbe hervorgehoben. Unser Ziel ist es, die Seite *x* des 10-Ecks in *Abhängigkeit von r* zu konstruieren. Zunächst werden wir versuchen, über Ähnlichkeitsbeziehungen einen Zusammenhang zwischen *x* und *r* zu finden. Dieser zunächst algebraische

Zusammenhang soll uns dann zum geometrischen Zusammenhang führen, damit wir für jeden beliebigen Kreis mit dem Radius r die gesuchte Seitenlänge x des 10-Ecks finden können. (Dies ist sicher die aufwendigste Konstruktion, die du bisher kennen gelernt hast.)

Der Winkel bei M ergibt sich im 10-Eck so: $\frac{360°}{10} = 36°$

Da das Dreieck ABM ....schenklig ist, ergibt sich für die beiden Basiswinkel: $\alpha = \beta =$ .... °

In Figur 76 ist das Bestimmungsdreieck ABM vergrößert gezeichnet.

76
Figur

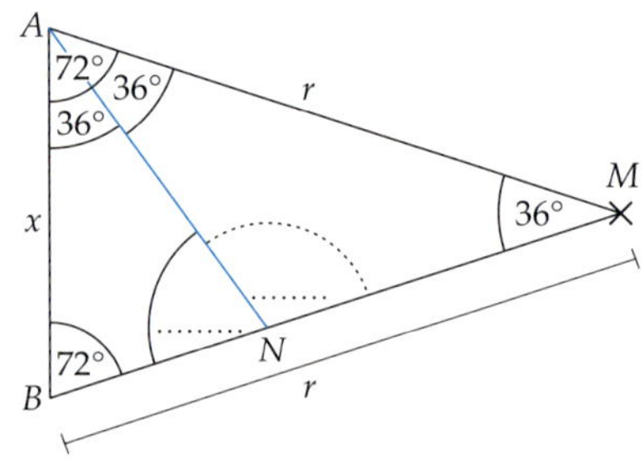

Der Punkt N ergibt sich als Schnittpunkt der Winkelhalbierenden von α mit $[MB]$.

➡ Bestimme die Größen der Winkel bei N und trage sie in die Figur 76 ein.

Aus den Winkelgrößen kannst du ablesen, dass sowohl $\triangle BNA$ als auch $\triangle MAN$ ....schenklig sind.

➡ Damit ist $\overline{AN} = x$ und damit ist auch $\overline{MN} =$ .... Bezeichne diese Strecken in Figur 76.

➡ Die „Reststrecke“ $\overline{NB}$ können wir mit $r - x$ bezeichnen. Trage auch diese Bezeichnung in Figur 76 ein.

Aus den Winkelgrößen ergibt sich $\triangle BNA \sim \triangle ABM$ und damit:

$$\frac{r - x}{x} = \frac{\ldots\ldots}{\ldots\ldots}$$

Nun multiplizierst du beide Seiten dieser Bruchgleichung mit $x \cdot r$:

$$(r - x) \cdot r = x \cdot x$$
$$\Rightarrow \quad r^2 - r \cdot x = x^2$$
$$0 = x^2 + r \cdot x - r^2$$

Diese quadratische Gleichung für die gesuchte Seite x des 10-Ecks hat als Lösungen:

$$x_{1,2} = \frac{-r \pm \sqrt{r^2 + 4r^2}}{2} = -\frac{r}{2} \pm \sqrt{\frac{r^2}{4} + r^2} = -\frac{r}{2} \pm \sqrt{\left(\frac{r}{2}\right)^2 + r^2}$$

Da bei x_2 beide Terme negativ sind und sich für x keine „negative Länge“ ergeben kann, gilt:

$$x = -\frac{r}{2} + \sqrt{\left(\frac{r}{2}\right)^2 + r^2}$$

Dies ist eine Bestimmungsgleichung für x, in der nur noch die gegebene Größe r auftritt. Wir stellen diese Gleichung ein wenig um, weil uns das später die Arbeit vereinfachen wird:

$$x = \sqrt{\left(\frac{r}{2}\right)^2 + r^2} - \frac{r}{2} \qquad (*)$$

Um mithilfe dieser Gleichung die Seite x konstruieren zu können, müssen wir noch einen geeigneten geometrischen Zusammenhang finden.

Der Wurzelausdruck hilft uns auf die richtige Fährte: In einem rechtwinkligen Dreieck mit den Katheten r und $\frac{r}{2}$ (siehe Figur 77a) hat die Hypotenuse genau die Länge $\sqrt{\left(\frac{r}{2}\right)^2 + r^2}$!

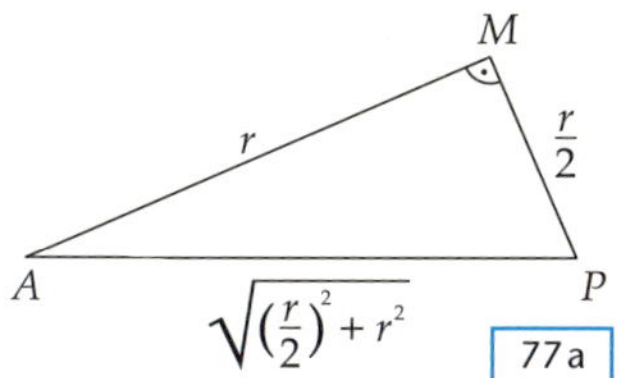

77a
Figur

Wir können also eine Strecke der Länge $\overline{AP} = \sqrt{\left(\frac{r}{2}\right)^2 + r^2}$ geometrisch konstruieren und müssen nun entsprechend unserer Gleichung (*) davon noch die Strecke $\frac{r}{2} = \overline{PM}$ abziehen, um die gesuchte Seite $x = \overline{AQ}$ des 10-Ecks zu erhalten:

77b
Figur

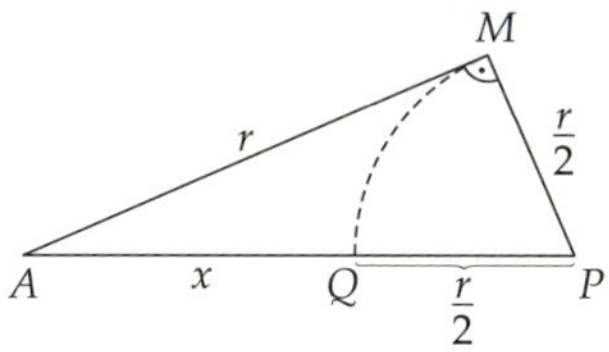

Aufgabe B 17

a) Beschreibe in Figur 78 (Zeichnungsvorlage) dem Kreis k ein reguläres 10-Eck ein.

Hinweise:

- ➡ Ergänze $[MA]$ zum rechtwinkligen Dreieck APM mit den Katheten $\overline{AM} = r$ und $\overline{PM} = \frac{r}{2}$ (vergleiche Figur 77b).
- ➡ Finde den Punkt Q mit $\overline{PQ} = \frac{r}{2}$.
- ➡ Trage die Strecke $x = \overline{AQ}$ 10-mal auf dem Kreis ab.
- ➡ Zeichne das gesuchte 10-Eck.

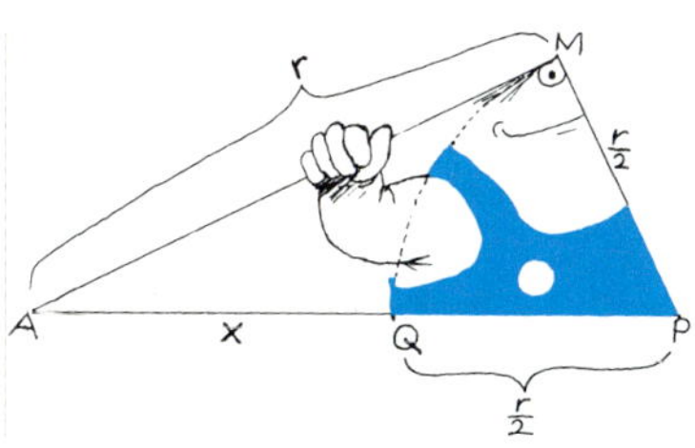

b) Berechne auf einem Beiblatt die Länge der 10-Eck-Seite x für einen Kreis mit dem Radius $r = 5$ cm:

$x =$ .... cm

Das reguläre 5-Eck ergibt sich aus dem regulären 10-Eck durch „Überspringen“ jedes zweiten Eckpunktes, wie in Figur 79.

Wenn du also einem gegebenen Kreis ein reguläres 5-Eck einbeschreiben sollst, so musst du zunächst das reguläre 10-Eck konstruieren, denn die Seitenlänge des 5-Ecks lässt sich – mit dem bisherigen Wissen – nicht direkt bestimmen.

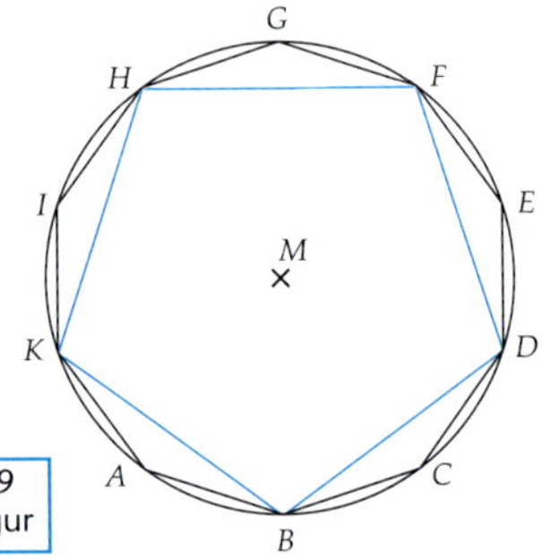

79 Figur

7. Längenberechnungen bei Körpern

Beispiel 1

Berechne die Länge einer **Raumdiagonale** eines Würfels mit der Kantenlänge $a = 5\text{ cm}$.

Zeichne die Raumdiagonale $[BH]$ mit Farbe in die Planfigur 80 ein.

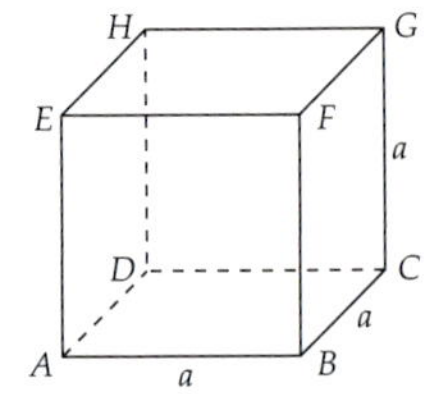

P80 Figur

Beachte:
Damit wir die Länge $\overline{BH}$ berechnen können, muss $[BH]$ als Seite eines rechtwinkligen Dreiecks auftauchen! Erst dann können wir die Sätze des PYTHAGORAS zur Lösung heranziehen.

➡ Ergänze $[BH]$ mit dem Punkt D zum Dreieck BHD und zeichne es mit Farbe.

Das Dreieck BHD hat einen rechten Winkel bei ....; damit ist die Dreieckseite [............] Hypotenuse im $\triangle BHD$.

Da sie mit der Würfelkante identisch ist, gilt für die Dreieckseite .... = 5 cm.

Da $[DB]$ Diagonale im Grundquadrat $ABCD$ ist, können wir die Länge der Dreieckseite $\overline{DB}$ nach der Formel berechnen, die wir in Aufgabe B6 hergeleitet haben:

$\overline{DB} = \sqrt{\dots\dots} \cdot 5\text{ cm} = \dots\dots\dots\dots\text{ cm}$

Wenn du diese Längen in die Formel $\overline{BH}^2 = \overline{HD}^2 + \overline{DB}^2$ einsetzt, ergibt sich:

$\overline{BH}^2 = \dots\dots\dots\text{ cm}^2 + \dots\dots\dots\text{ cm}^2 = \dots\dots\dots\dots\text{ cm}^2$

$\Rightarrow \quad \overline{BH} = \dots\dots\dots\text{ cm}$

Beispiel 2

Berechne die Länge der Seitenkante s einer geraden Pyramide mit rechteckiger Grundfläche, deren Grundkanten $a = 8\text{ cm}$, $b = 6\text{ cm}$ sowie Höhe $h = 12\text{ cm}$ gegeben sind.

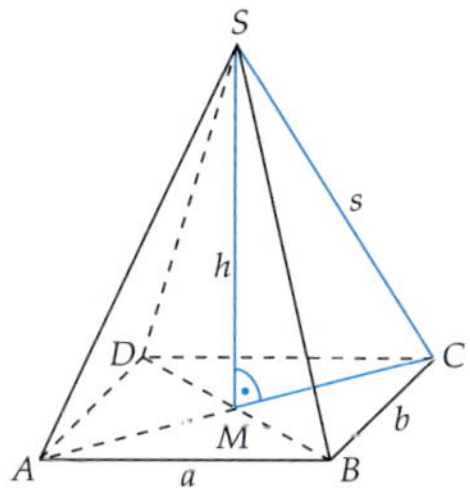

P81 Figur

In Planfigur 81 ist ein Bestimmungsdreieck für die Seitenkante s bereits mit Farbe eingezeichnet.

Im $\triangle CSM$ ist die gesuchte Strecke $[CS] = s$ Hypotenuse, da bei M ein rechter Winkel liegt.
$[MC]$ ist die halbe Diagonale im Rechteck $ABCD$: $\overline{MC} = \dfrac{\overline{AC}}{2}$

$\overline{AC}^2 = a^2 + b^2$

$\overline{AC}^2 = ... \text{ cm}^2 + ... \text{ cm}^2 = ... \text{ cm}^2$

$\Rightarrow \quad \overline{AC} = ... \text{ cm}; \quad \overline{MC} = ... \text{ cm}$

Im $\triangle CSM$ gilt: $s^2 = \overline{MC}^2 + ...$

$s^2 = ... \text{ cm}^2 + ... \text{ cm}^2 = ... \text{ cm}^2$

$\Rightarrow \quad s = ... \text{ cm}$

Aufgaben

B18

Berechne auf einem Beiblatt die Länge der Raumdiagonale d des Quaders $ABCDEFGH$ mit $a = 16\text{ cm}$, $b = 12\text{ cm}$ und $h = 21\text{ cm}$.

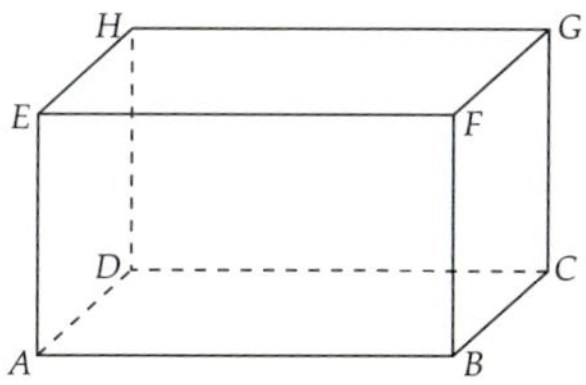

P82 Figur

Hinweis:
Zeichne mit Farbe die Raumdiagonale $[EC]$ sowie das Bestimmungsdreieck ECA in Figur P82 ein.

Ergebnis: $d = ... \text{ cm}$

B19

a) Bestimme auf einem Beiblatt die Formel für die Länge der Raumdiagonale d eines Würfels mit der Kantenlänge a.
(Verwende die Planfigur P80 und gehe den Lösungsweg aus Beispiel 1 noch einmal durch; behalte für die Kantenlänge den Buchstaben a bei und vereinfache soweit wie möglich.)

Formel für die Raumdiagonale d eines Würfels $d = ... \cdot a$

b) Berechne – diesmal mit der Formel – noch einmal die Raumdiagonale d des Würfels mit der Kantenlänge 5 cm aus Beispiel 1.

$d = ... \text{ cm}$

B 20 Berechne auf einem Beiblatt die Länge der Mantellinie des geraden Kreiskegels (vergleiche Abschnitt D2) mit dem Grundkreisradius $r = 10$ cm und der Höhe $h = 24$ cm.

Ergebnis: $m =$ .... cm

P 83 Figur

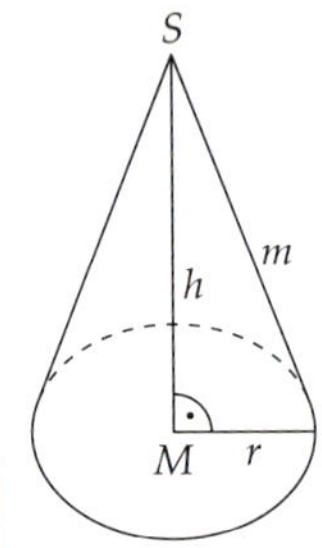

B 21

In welcher Höhe h lehnt eine 8 m lange Leiter an einer Hauswand, die unten 3 m von der Wand entfernt ist?

Hinweis:
Zeichne dir eine Planfigur von der Seitenansicht.

Ergebnis: $h =$ .... m

Kreis

C

1. Kreisumfang

Alle Figuren, deren Länge ihrer Umfangslinien oder deren Flächeninhalt du bisher berechnet hast, waren durch gerade Strecken begrenzt.

Die Länge gekrümmter Linien zu bestimmen ist wesentlich schwieriger, weil wir mit dem Lineal nur gerade Strecken messen können. Bevor wir die mathematische Methode zur Herleitung der Umfangsformel besprechen, solltest du die Umfänge einiger Kreise experimentell bestimmen und daraus Hinweise für die Formel gewinnen.

Lege dir folgende Dinge bereit, die du für die Längenmessung der Kreisumfänge brauchst:
ca. 35 Stecknadeln, ca. 50 cm Faden, Zirkel, Lineal, Papier, einen Pappkarton und darunter eine weiche Unterlage (zum Beispiel eine Decke; es geht auch auf dem Teppich).

➡ Zeichne mit dem Zirkel verschieden große Kreise und stecke die Nadeln entlang der Kreislinie.
➡ Lege den Faden um die Kreise. (Befestige den Faden an einer Nadel, dann lässt er sich gut spannen.)

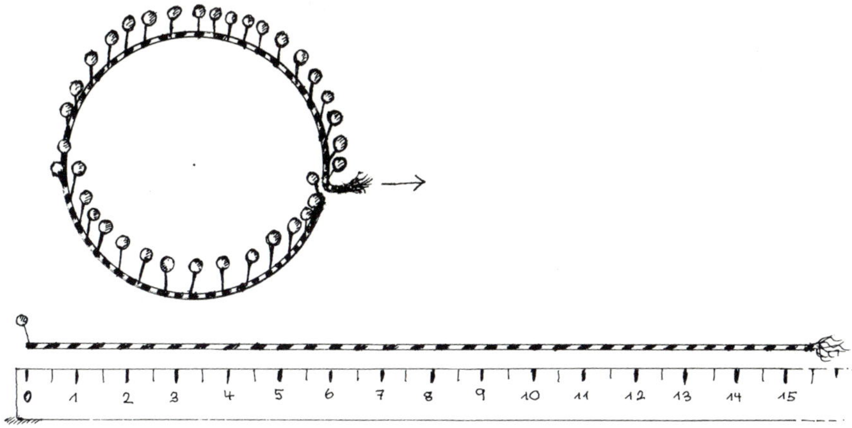

Die Länge eines Fadens kannst du abmessen, wenn du ihn anschließend gerade ziehst.

Zeichne Kreise mit den Radien 1 cm, 2 cm, 3 cm, 4 cm, 5 cm, …, miss ihren Umfang mit der Fadenmethode auf Millimeter genau und trage deine Ergebnisse in die Tabelle auf der nächsten Seite ein.

Tabelle der Kreismessungen (alle Werte in cm)

Radius	1	2	3	4	5	...
Durchmesser						
Umfang						

(Wenn du anschließend deine gemessenen Werte mit den Werten im Lösungsteil vergleichst, darfst du nicht erwarten, dass sie genau übereinstimmen, da sie dort auf zwei Stellen hinter dem Komma angegeben sind.)

Berechne (auf zwei Stellen hinter dem Komma) aus deinen Messwerten folgende Quotienten ohne Benennung:

Radius	1	2	3	4	5	...
$\frac{\text{Umfang}}{\text{Durchmesser}}$						

Wenn du einigermaßen genau gezeichnet hast, erkennst du sicher einen Zusammenhang zwischen dem Radius bzw. dem Durchmesser und dem Kreisumfang.

- Als Mittelwert der Quotienten ergibt sich etwa ……………………… .
- Damit hast du experimentell den Wert für die so genannte **Kreiszahl** π gefunden.
- Schließe auf die fehlenden Werte in der folgenden Tabelle, ohne sie zu messen:

Radius	6	7	10	20	0,5
Durchmesser					
Umfang					

Der Zusammenhang zwischen Kreisdurchmesser und Kreisumfang lässt sich auf verschiedene Weise ausdrücken:

- Wird bei einem Kreis der Durchmesser verdoppelt, so wird auch der Kreisumfang ……………………………… so lang.
- Wird der Durchmesser verdreifacht, so ist der Kreisumfang ……………………………… mal so lang; usw.

- Die Längen von Kreisdurchmesser und Kreisumfang sind direkt .... zueinander.
- Der Quotient aus Kreisumfang und Kreisdurchmesser ist ....

Diese Feststellungen, die du aufgrund der Messungen treffen konntest, ergeben sich aus den geometrischen Überlegungen zur *Verhältnistreue* (Abschnitt A 1.5):

Da alle Kreise zueinander ähnliche Figuren sind, gilt für sie, dass die Längen von je zwei entsprechenden Strecken im gleichen Verhältnis stehen. Hieraus ergibt sich, dass auch die Längen von Kreisumfang u und Kreisdurchmesser d im gleichen Verhältnis stehen bzw. dass der Quotient $\frac{u}{d}$ für jeden Kreis konstant ist.

Dieser Quotient liefert genau die Kreiszahl π, die in der Umfangsformel auftaucht:

Für den **Kreisumfang** u gilt: $u = \pi \cdot d$

Unabhängig von dem experimentell gefundenen Wert, den du in der vorletzten Tabelle ermittelt hast, kann die irrationale Zahl π beliebig genau berechnet werden. Die Methode soll hier nur so weit angedeutet werden, dass du die Größenordnung abschätzen kannst.

In Figur 86 ist der Kreis mit dem Durchmesser $d = 2r$ der Inkreis des Quadrates *ABCD*.

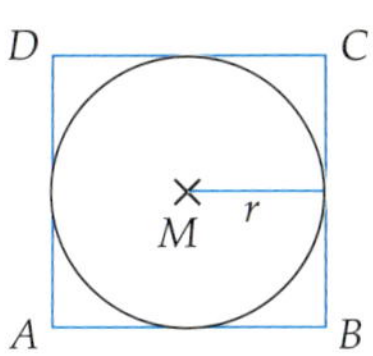

86 Figur

Figur 86 zeigt:

Der Kreisumfang ist offensichtlich *kürzer / länger* als der Umfang des Quadrates *ABCD*.

In Figur 87 ist der Kreis mit dem Durchmesser $d = 2r$ Umkreis zu dem regulären Sechseck *EFGHIK*.

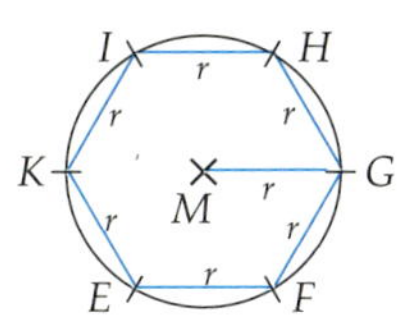

86 Figur

Figur 87 zeigt:

Der Kreisumfang ist offensichtlich *kürzer / länger* als der Umfang des regulären Sechsecks *EFGHIK*.

Damit können wir den Kreisumfang eingrenzen:

Der Umfang des Quadrates *ABCD* beträgt: $u_{\square} =$ .... $\cdot\, r$

bzw. $u_{\square} =$ .... $\cdot\, d$

Der Umfang des Sechsecks *EFGHIK* beträgt: $u_{⬡} =$ .... $\cdot\, r$

bzw. $u_{⬡} =$ .... $\cdot\, d$

Wir haben gerade abgeschätzt: $u_{⬡} < u_{\bigcirc} < u_{\square}$

bzw. .... $\cdot\, d < \pi \cdot d <$ .... $\cdot\, d$

Diese Eingrenzung bedeutet für π: $3 < \pi < 4$

Durch die Ein- und Umbeschreibung von Vielecken mit zunehmender Eckenzahl lässt sich die Kreiszahl π immer enger eingrenzen. Für die weiteren Berechnungen in diesem Buch und für die Aufgaben in der Schule genügt eine Genauigkeit auf zwei Stellen hinter dem Komma:

Kreiszahl $\pi = 3{,}14$

(genauer: $\pi = 3{,}141\,592\,653\,589\,793\,238\,462\,643\,383\,279\,502\,884\,197\,169\,39\ldots$)

Damit lautet die Formel für den Kreisumfang:

$u = 2 \cdot \pi \cdot r$ bzw. $u = \pi \cdot d$ bzw. $u = 3{,}14 \cdot d$

Aufgaben

C1 Berechne den Umfang eines Kreises mit dem Radius $r = 3$ cm.

C2 Gib den Umfang eines Kreises mit dem Durchmesser $d = 10$ cm an.

C3 a) Berechne den Radius r_1 eines Kreises, der den Umfang $u_1 = 2$ m hat.

$r_1 =$ ....

b) Berechne den Radius r_2 eines Kreises mit dem Umfang $u_2 = 2{,}10$ m.

$r_2 =$ ....

c) Der Radius r_2 ist um .... cm länger als der Radius r_1.

C4

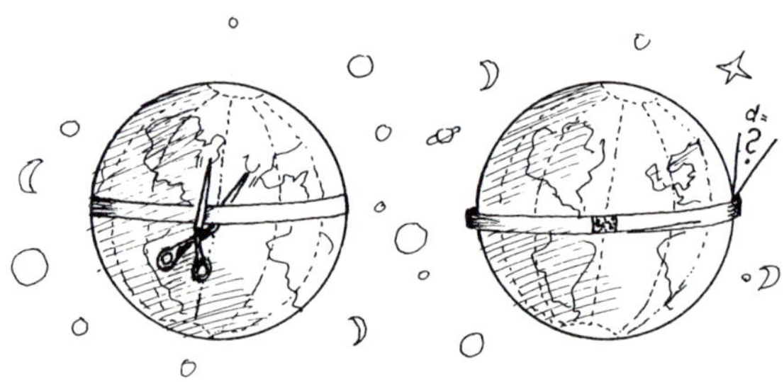

Wenn wir uns die Erde als glatte Kugel denken und um den Äquator ein Metallband legen, so hat es eine Länge von 40 000 km (u_1).
Angenommen, du würdest dieses Band aufschneiden und um 10 cm verlängern (u_2). Wie viel Abstand hätte das Band dann von der Erdoberfläche? Überlege und berechne.

$$r_1 = \frac{u_1}{2 \cdot \pi} = \frac{\dots\dots}{\dots\dots} = \dots\dots$$

$$r_2 = \frac{u_1 + 10\text{ cm}}{2 \cdot \pi} = \frac{\dots\dots}{\dots\dots} + \frac{10\text{ cm}}{\dots\dots}$$

$$= \dots\dots + \dots\dots$$

Wetten, dass du mit einer entsprechenden Rätselfrage die meisten deiner Freunde und Bekannten verblüffen kannst?!

Gib ihnen vor:
Wenn man ein Band, das straff um einen Fußball gelegt ist, um 10 cm verlängert, so steht es anschließend rundherum um 1,59 cm ab.
Dann erzähle die Geschichte mit dem Band um den Äquator und frage, wie weit dieses nach der Verlängerung absteht.

2. Kreisflächeninhalt

Bei der Berechnung des Inhaltes der Kreisfläche stoßen wir auf ähnliche Schwierigkeiten wie bei der Berechnung des Kreisumfangs. Da die Begrenzungslinie eine „krumme Linie" ist, müssen wir versuchen, die Kreisfläche möglichst exakt aus Flächenstücken mit geraden Begrenzungslinien zusammenzusetzen.

Zu einer relativ exakten, aber sicher sehr zeitaufwendigen Bestimmung des Flächeninhaltes gelangt man, wenn man den Kreis auf Millimeterpapier zeichnet und die 1 mm²-Kästchen auszählt.

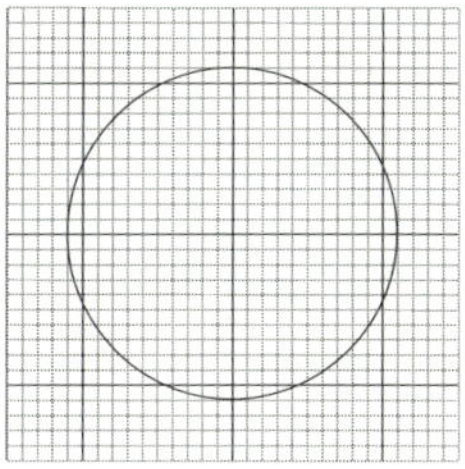

88 Figur

Zur Größenordnung der Kreisfläche kommen wir, wenn wir den Inkreis eines Quadrates herausschneiden und die Größe der „Abfallflächen" abschätzen.

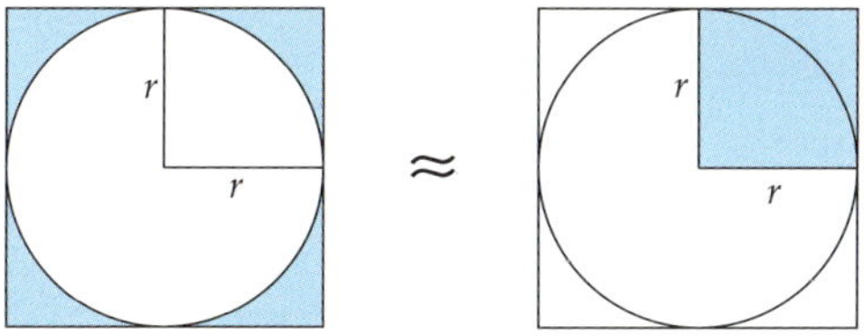

89 Figur

„Über den Daumen gepeilt" kannst du in Figur 89 erkennen, dass die gerasterten Flächen ungefähr inhaltsgleich sind, dass sich die Abfallflächen also etwa zu einem Viertel der Quadratfläche zusammensetzen lassen. Damit sind dann auch die ungerasterten Flächen, nämlich die Kreisflächen und die „3/4-Fläche" des Quadrates, inhaltsgleich.

➜

Quadratflächeninhalt = …… $\cdot\ r^2$

Kreisflächeninhalt $\approx \frac{3}{4} \cdot$ …… $r^2 =$ …… $\cdot\ r^2$

Genauer lässt sich die Flächenformel für den Kreis mit folgenden Überlegungen bestimmen:

90 Figur

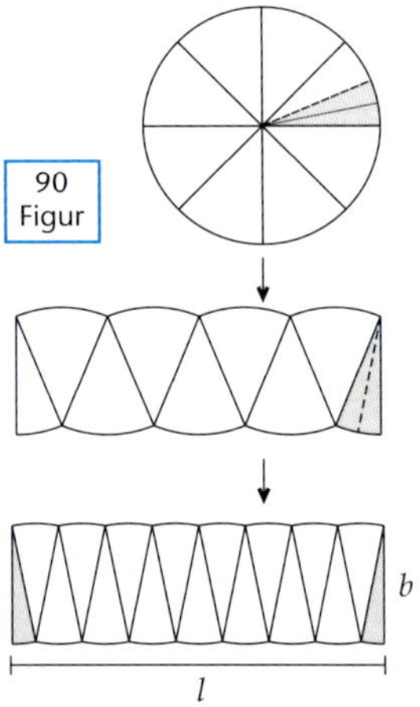

Wenn man einen Kreis in viele kleine (Torten-) Stücke schneidet, wie in Figur 90 angedeutet, kann man diese zu einer neuen Figur zusammensetzen, die annähernd die Form eines Rechtecks besitzt.

Je schmäler du die Tortenstücke schneidest, desto genauer lassen sie sich zu einem Rechteck zusammenfügen, dessen kurze Seite b mit dem …………………… des Kreises übereinstimmt ($b = r$) und dessen lange Seite l gleich dem halben …………………… des Kreises ist.

$$\left(l = \frac{2 \cdot \pi \cdot r}{2} = \pi \cdot r \right)$$

Die Flächenformel des Rechtecks $A_{\square} = l \cdot b$

lautet in den Kreisgrößen: $A_{\bigcirc} = \pi \cdot r \cdot r = \pi \cdot r^2$

So kommen wir zur

Flächenformel des Kreises:

$A_{\bigcirc} = \pi \cdot r^2$

Aufgaben

C5 Berechne den Flächeninhalt eines Kreises mit dem Radius $r = 3\ \text{cm}$.

C6 Berechne den Durchmesser eines Kreises, dessen Flächeninhalt $100\ \text{cm}^2$ beträgt.

$r^2 = \frac{}{\dots\dots} =$ ……………………………………………

$\Rightarrow$ $r =$ …………… cm $\Rightarrow$ $d =$ …………… cm

C7 Berechne auf einem Beiblatt die Fläche eines Kreises, dessen Umfang $u = 1{,}5\ \text{m}$ beträgt.

C8

Berechne den Flächeninhalt eines Kreisringes KR (wie Planfigur 91), dessen Innenkreis den Radius $r_i = 4$ cm und dessen Außenkreis den Radius $r_a = 6$ cm hat.

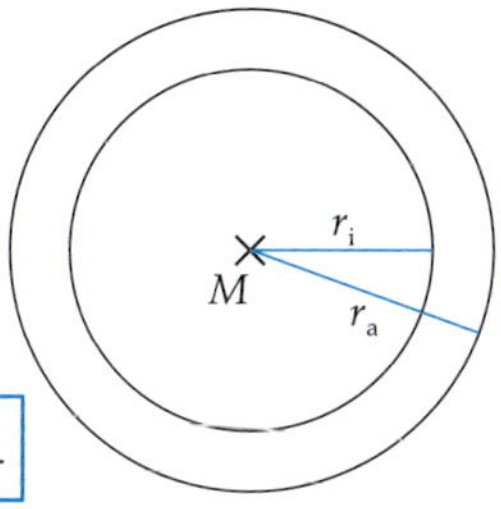

P91 Figur

A_a = ...

A_i = ... } A_{KR} = ...

C9

Berechne die Radien r_i und r_a des inneren und des äußeren Kreises eines Kreisringes, dessen Flächeninhalt $A_{KR} = 15\ \text{m}^2$ beträgt und der $b = 0{,}5$ m breit ist.

Hinweis:
Stelle zunächst zwei Gleichungen mit den beiden Unbekannten r_i und r_a auf und gewinne daraus mit dem Einsetzungsverfahren eine Gleichung mit einer Unbekannten.

$A_{KR} = \pi \cdot r_a^2 -$ .... **I**

$b =$ .... $-$ .... $\Rightarrow$ $r_a = b +$ .... **II**

r_a in **I**: $A_{KR} =$ .... $\cdot$ (......... $+$ ....)^2 $-$ ....

$\Rightarrow$ $r_i =$ .... m ; $r_a =$ .... m

3. Kreisbogen und Kreissektor

In den weiteren Abschnitten dieses Kapitels befassen wir uns mit Berechnungen, die sich auf *Teile* des Kreisumfangs und der Kreisfläche beziehen.

Erinnere dich:

Mittelpunktswinkel haben ihren Scheitel im Kreismittelpunkt.

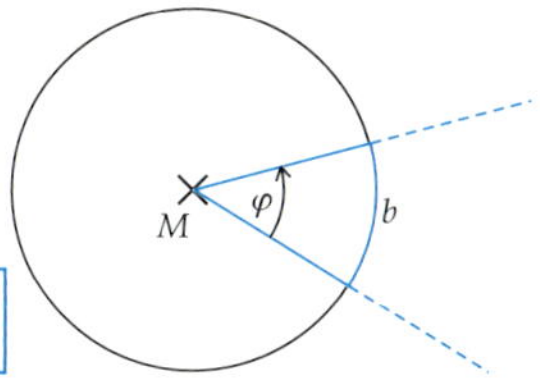

92a Figur

Jeder Mittelpunktswinkel „schneidet“ aus der Kreislinie einen **Kreisbogen** b aus.

Die Fläche, die von den Schenkeln eines Mittelpunktswinkels und dem zugehörigen Kreisbogen eingeschlossen wird, heißt **Kreissektor** oder **Kreisausschnitt**.

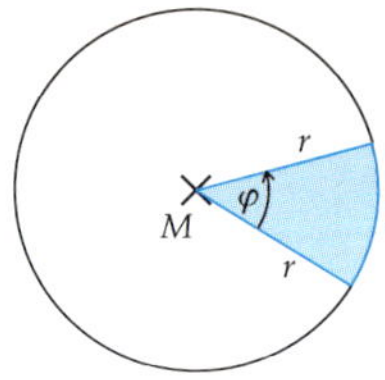

92b Figur

Wenn ein Kreis mit einem bestimmten Radius vorgegeben ist, hängen die Länge des Kreisbogens und die Größe der Sektorfläche ab von der Größe des ....

Die Formel für die Bogenlänge ist leicht zu verstehen, wenn du dir folgende Herleitung klarmachst:

- Zum Vollwinkel $\varphi = 360°$ gehört der Kreis„bogen" mit $b_{360°} = 2 \cdot \pi \cdot r$.
- Zum gestreckten Winkel $\varphi = 180°$ gehört der Kreisbogen $b_{180°} =$ ....
- Zum rechten Winkel $\varphi = 90°$ gehört der Kreisbogen $b_{90°} =$ ....
- Zum Winkel $\varphi = 1°$ gehört der Kreisbogen $b_{1°} =$ .... $2 \cdot \pi \cdot r$.

⇒ Zum allgemeinen Mittelpunktswinkel φ gehört der Kreisbogen:

$$b_\varphi = \frac{\varphi}{360°} \cdot 2 \cdot \pi \cdot r$$

Wenn du diese Formel noch mit 2 kürzt, erhältst du die

Formel für die **Kreisbogenlänge**:

$$b_\varphi = \frac{\varphi}{180°} \cdot \pi \cdot r$$

Aufgaben

C10 Berechne die Länge des Kreisbogens, der zu einem Mittelpunktswinkel $\varphi = 24°$ und einem Radius $r = 20\text{ cm}$ gehört.

C11 Berechne die Länge des Radius r, der zum Mittelpunktswinkel $\varphi = 14°$ und dem Kreisbogen $b_{14°} = 30\text{ m}$ gehört.

$$b = \frac{\varphi}{180°} \cdot \pi \cdot r \quad \Rightarrow \quad r = \frac{b \cdot \ldots}{\ldots \cdot \ldots} = \ldots$$

Dem Ägypter ERATOSTHENES ist es bereits ca. 250 Jahre vor unserer Zeitrechnung gelungen, den Erdradius und damit auch den Erdumfang zu berechnen.
Mithilfe eines Lotes (ein frei gehaltenes Lot weist immer zum Erdmittelpunkt und steht senkrecht zur Erdoberfläche) und eines tiefen Brunnens im ägyptischen Assuan stellte er fest, dass die Sonne dort mittags bei der Som-

mersonnenwende senkrecht über der Erde steht. Da er wusste, dass die Strahlen der Sonne die Erde parallel treffen, musste bei der Messung zur gleichen Stunde im nördlich gelegenen Alexandria zwischen dem einfallenden Strahl und der dortigen Senkrechten zur Erdoberfläche ein Winkel entstehen.

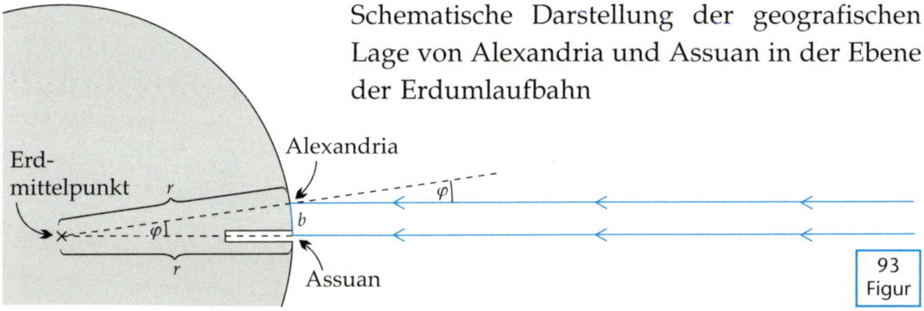

Schematische Darstellung der geografischen Lage von Alexandria und Assuan in der Ebene der Erdumlaufbahn

93
Figur

Anhand dieses Winkels, der als gedachter Mittelpunktswinkel noch einmal auftritt, und der Entfernung zwischen Assuan und Alexandria konnte er den Radius und damit auch den Umfang der Erde fast auf den Kilometer genau berechnen.

Die Messungen ergaben: $b = 900$ km und $\varphi = 8°$

Aufgaben

C12

a) Berechne auf einem Beiblatt die Länge des Erdradius.

b) Berechne daraus (bei idealisierter Kugelgestalt der Erde) die Länge des Erdumfangs.

C13

Die mittlere Entfernung Sonne–Erde beträgt 149 504 000 km.
Berechne den Weg, den die Erde auf ihrer idealisierten Kreisbahn um die Sonne in einer Sekunde zurücklegt.

u = ...

1 Tag = ... h = ... s

365 Tage = ... s

Weg in 1 Sekunde = ... = ...

Die Formel für den Flächeninhalt eines Kreissektors können wir ähnlich herleiten wie die der Bogenlänge:

- Zum Vollwinkel $\varphi = 360°$ gehört der Vollkreis mit $A_{360°} = \pi \cdot r^2$.
- Zum gestreckten Winkel $\varphi = 180°$ gehört der Halbkreis mit $A_{180°}$ = ...
- Zum rechten Winkel $\varphi = 90°$ gehört der Viertelkreis mit $A_{90°}$ = ...

➜

- Zum Winkel $\varphi = 1°$ gehört der Kreissektor $A_{1°}$ = ……………… .

Zum allgemeinen Winkel φ gehört die Formel für die **Kreissektorfläche**:

$$A_\varphi = \frac{\varphi}{360°} \cdot \pi \cdot r^2$$

Aufgaben

C14 Berechne den Flächeninhalt des Kreissektors, der zu einem Mittelpunktswinkel $\varphi = 24°$ und einem Radius $r = 20$ cm gehört.

C15 Berechne die Länge des Radius r, der zum Mittelpunktswinkel $\varphi = 7°$ und der Kreissektorfläche $A_{7°} = 500\ \text{m}^2$ gehört.

$A = \frac{\varphi}{360°} \cdot \pi \cdot r^2 \quad \Rightarrow \quad r^2$ = ………………………

r^2 = ……………… m^2

$\Rightarrow \quad r$ = ……………… m

C16 Wie viel Prozent der kreisförmigen Querschnittsfläche eines Baumstamms mit dem Umfang $u = 1{,}5$ m sind Abfall, wenn aus dem Stamm ein Balken mit möglichst großem quadratischem Querschnitt geschnitten werden soll?

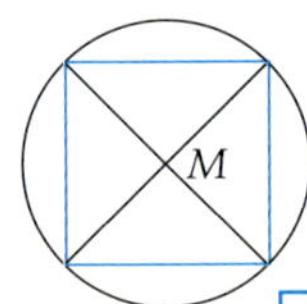

P94 Figur

Hinweise:

- Trage in die Figur P94 die Bezeichnungen ein, die du bei der Berechnung verwendest.
- Schließe vom Umfang auf den Radius.
- Berechne Kreis- und Quadratfläche und damit den prozentualen Abfall. (Die Berechnung der Quadratseite kannst du umgehen, wenn du dir das Quadrat aus zwei Dreiecken zusammengesetzt denkst.)

r = ……………

$A_\bigcirc$ = ……………… $\hat{=}$ 100%

$A_\square$ = ……………… $\hat{=}$ ……………%

Von der kreisförmigen Querschnittsfläche fallen …………… als Abfall an.

Die folgende Aufgabe C17 kommt häufig in Prüfungen vor; deshalb ist sie als Musteraufgabe stark vorstrukturiert. Wenn du das Prinzip verstanden hast, wird es dir sicher gelingen, die entsprechende Prüfungsaufgabe zu lösen.

In Figur 95 siehst du ein rechtwinkliges Dreieck im Thaleskreis mit je einem Halbkreis über der Hypotenuse und den beiden Katheten.
Beweise, dass die Dreiecksfläche inhaltsgleich ist zur Summe der Sichelflächen über den Katheten; diese Sichelflächen heißen auch Möndchen des HIPPOKRATES.

Aufgabe C17

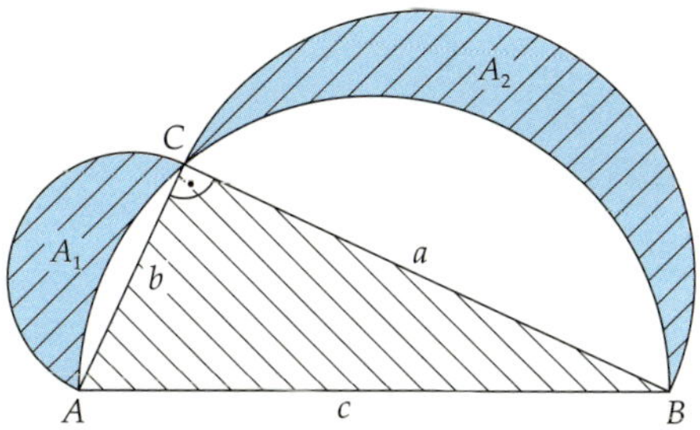

95 Figur

Berechne zunächst die Flächeninhalte der Halbkreise über a und b:

$$A_{\frown a} = \frac{1}{2} \cdot \pi \cdot \left(\frac{a}{2}\right)^2 = \frac{1}{2} \cdot \pi \cdot \frac{a^2}{4} = \pi \cdot \frac{a^2}{\ldots\ldots}$$

$$A_{\frown b} = \frac{1}{2} \cdot \pi \cdot \left(\frac{\ldots\ldots}{\ldots\ldots}\right)^2 = \frac{1}{2} \cdot \pi \cdot \frac{\ldots\ldots}{\ldots\ldots} = \pi \cdot \frac{\ldots\ldots}{\ldots\ldots}$$

Um zur Summe der Sichelflächen zu gelangen, müssen wir von der Summe der berechneten Halbkreisflächen noch die Flächen zwischen den Sicheln und dem Dreieck abziehen. Dasselbe erreichen wir, wenn wir zunächst die Halbkreisfläche über c subtrahieren und dann die Dreiecksfläche wieder

....

$$A_1 + A_2 = A_{\frown a} + A_{\frown b} - A_{\frown c} + A_{\triangle} =$$

$$= \underbrace{\pi \cdot \frac{a^2}{8} + \pi \cdot \frac{\ldots\ldots}{\ldots\ldots} - \pi \cdot \frac{\ldots\ldots}{8}}_{\text{klammere } \frac{\pi}{8} \text{ aus}} + A_{\triangle} =$$

$$= \frac{\pi}{8} \cdot \left(a^2 + \ldots\ldots - \ldots\ldots\right) + A_{\triangle}$$

Für den Klammerterm gilt nach PYTHAGORAS:

$a^2 + b^2 = c^2 \qquad | -c^2$

$a^2 + b^2 - c^2 = \ldots\ldots$

Damit reduziert sich die obige Gleichung auf:

$$A_1 + A_2 = \frac{\pi}{8} \cdot 0 + A_{\triangle} \quad \text{bzw.}$$

$A_1 + A_2 = A_{\triangle}$ Damit ist die Behauptung bewiesen.

C18 Beweise, dass die gerasterten Flächen A_1 und A_2 („Kreiszweieck" und „Kreisdreieck") in Figur 96 inhaltsgleich sind.

Vergleiche deinen Beweis mit dem Lösungsteil.

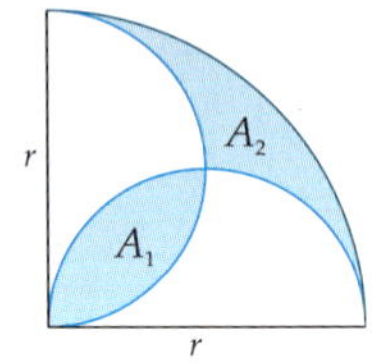

96 Figur

4. Kreissegment

Die Fläche, die von einem Kreisbogen und der zugehörigen Sehne begrenzt wird, heißt **Kreisabschnitt** oder **Kreissegment**.

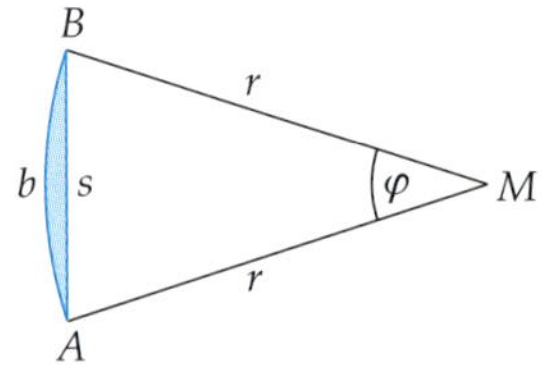

97 Figur

Der Flächeninhalt eines Kreisabschnittes ergibt sich als Differenz der Flächeninhalte des zugehörigen Kreissektors und des Dreiecks *AMB* (vergleiche Figur 97).
Da das Dreieck *AMB* gleich.................................... ist, lässt sich sein Flächeninhalt leicht aus s und r berechnen.

Beispiel Berechne den Flächeninhalt des Kreisabschnittes, der bei einem Kreis mit $r = 3$ cm und einem Mittelpunktswinkel $\varphi = 60°$ entsteht.
Bedenke, dass die Größe des „Tortenstücks" von der Größe des Mittelpunktswinkels abhängt. (Figur 97 sei die Planfigur für diese Aufgabe.)

Flächeninhalt des Kreissektors:

$$A_\triangledown = \frac{\dots\dots}{360°} \cdot \pi \cdot \dots^2$$

$$A_\triangledown = \frac{\dots\dots}{360°} \cdot 3{,}14 \cdot \dots \text{ cm}^2 = \dots\dots \text{ cm}^2$$

Flächeninhalt des Dreiecks:
Da für den Mittelpunktswinkel $\varphi = 60°$ gilt, ist das gleichschenklige Dreieck *AMB* in diesem Fall ein gleich.................................... Dreieck.

$$A_\triangle = \frac{\sqrt{\dots} \cdot \dots}{4} \quad \text{(Vergleiche Aufgabe B8c)}$$

$$A_\triangle = \frac{\sqrt{\dots} \cdot \dots \text{ cm}^2}{4} = \dots\dots \text{ cm}^2$$

Flächeninhalt des Kreisabschnittes:

$$A_{\frown} = A_{\triangledown} - A_{\triangle} = \text{..........}\ \text{cm}^2 - \text{..........}\ \text{cm}^2 = \text{..........}\ \text{cm}^2$$

Berechne den Flächeninhalt des Kreisabschnittes, der bei einem Kreis mit $r = 8$ cm und dem Kreisbogen $b = 12{,}56$ cm entsteht.

Aufgabe C19

$$b_{\varphi} = \frac{\text{..........}}{\text{..........}} \cdot \text{.....} \cdot \text{.....} \quad \Rightarrow \quad \varphi = \text{..............................}$$

Da in diesem Fall das Dreieck *AMB* (vergleiche Figur 97) ....-winklig ist, lässt sich sein Flächeninhalt aus den Katheten berechnen:

$$A_{\triangle} = \frac{\text{.....}\ \text{cm} \cdot \text{.....}\ \text{cm}}{2} = \text{..........}\ \text{cm}^2$$

$$A_{\triangledown} = \frac{\text{..........}}{180°} \cdot 3{,}14 \cdot \text{..........}\ \text{cm}^2 = \text{..........}\ \text{cm}^2$$

Flächeninhalt des Kreisabschnittes:

$$A_{\frown} = A_{\triangledown} - A_{\triangle} = \text{..........}\ \text{cm}^2 - \text{..........}\ \text{cm}^2 = \text{..........}\ \text{cm}^2$$

Körperberechnungen

Nachdem du bereits früher gelernt hast, verschiedene Körper im Schrägbild zu zeichnen (vergleiche ML 626, Kapitel F), geht es in diesem Kapitel um die Berechnung bestimmter Längen, Oberflächen und Rauminhalte von Körpern. Zur Einführung und Erinnerung zunächst die Definitionen der bereits bekannten Körper, die als Grundflächen Vielecke haben, und als „Neudefinition“ die Körper mit kreisförmiger Grundfläche.

1. Prismen und Zylinder

Als **Prismen** bzw. **Säulen** werden Körper bezeichnet, die als Grund- und Deckflächen kongruente Vielecke besitzen.

Wir beschränken uns im Folgenden zunächst auf *gerade Prismen* bzw. *gerade Säulen*, bei denen die Seitenkanten senkrecht auf Grund- und Deckfläche stehen. Dabei werden wir auch die Volumenformeln herleiten; anschließend übertragen wir diese Formeln auf die entsprechenden „schiefen“ Körper.

98a Figur

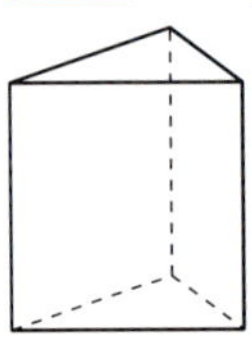

98b Figur

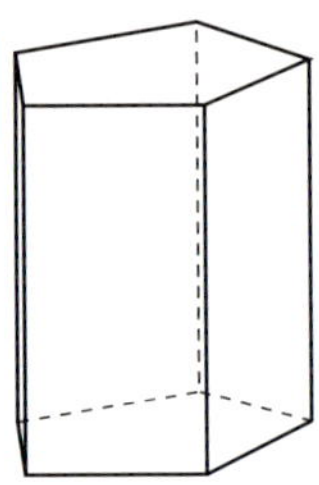

98c Figur

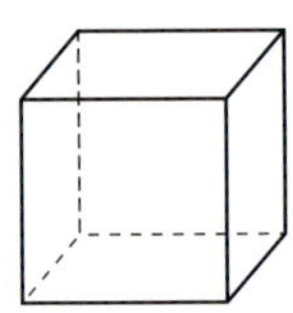

98d Figur

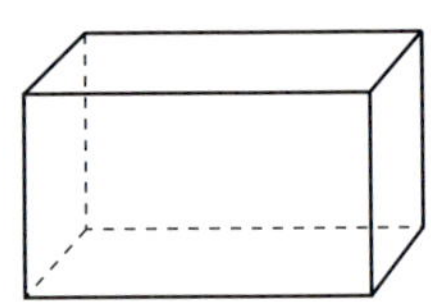

Beachte:
Wenn du eine gerade Säule umkippst, sodass ein Rechteck der Seitenfläche dann unten liegt, ist der Körper immer noch eine (liegende) Säule.

Die Vieleckseiten der Grundfläche heißen **Grundkanten**, die Verbindungsstrecken entsprechender Eckpunkte von Grund- und Deckfläche heißen **Seitenkanten**.

Den Abstand von Grund- und Deckfläche bezeichnet man als **Höhe** h des Körpers.

- Bei geraden Prismen sind die Seitenkanten s und die Höhe h .... lang.
- Die Seitenflächen sind jeweils ....-ecke.
- Für jedes gerade Prisma gilt: Grund- und Deckfläche sind .... Vielecke.

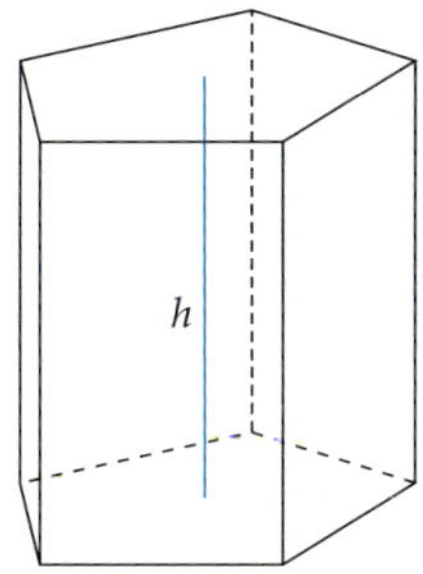

99 Figur

Die Summe der Seitenflächen wird als **Mantel**(-fläche) bezeichnet.

Die **Oberfläche** eines Prismas ergibt sich als Summe von Grund-, Deck- und Mantelfläche.

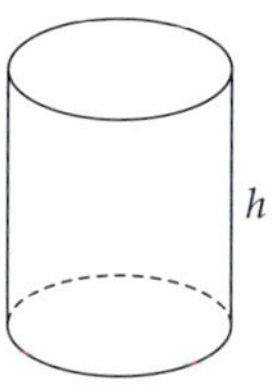

100 a Figur

Der Sonderfall einer Säule mit kreisförmiger Grund- und Deckfläche heißt **Zylinder** bzw. **Kreiszylinder**.

Die Mantelfäche M eines Zylinders ist ein Rechteck, dessen eine Seite die Zylinderhöhe und dessen andere Seite gleich der Länge des Kreis.. ist.

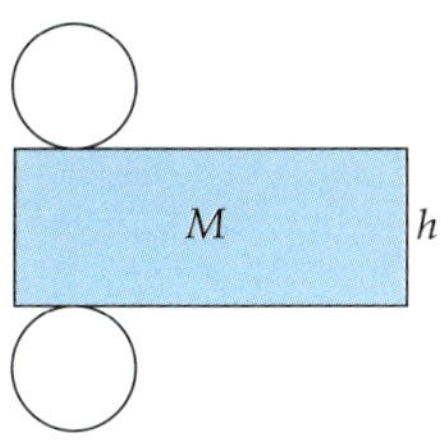

100 b Figur

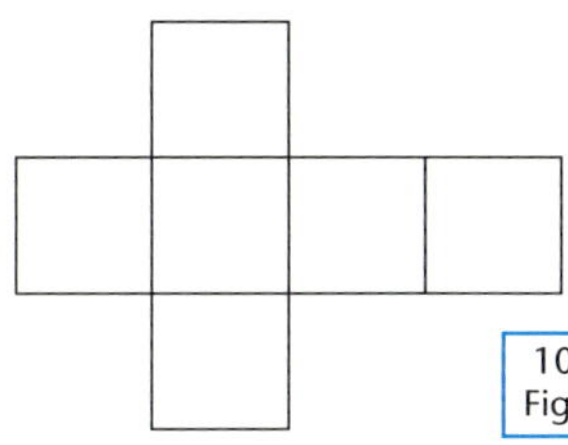
101 Figur

Wenn man die Begrenzungsflächen eines Körpers in der Zeichenebene ausbreitet, entsteht das so genannte **Netz** des Körpers.

Beispiel 1

a) Zeichne auf einem Beiblatt das Netz eines Dreieckprismas $ABCDEF$ (Planfigur P102). Das Grundflächendreieck ABC hat die Seiten $a = 4\,\text{cm}$, $b = 3\,\text{cm}$ und den Winkel $\gamma = 90°$. Für die Seitenkanten des Prismas gilt $s = 6\,\text{cm}$.

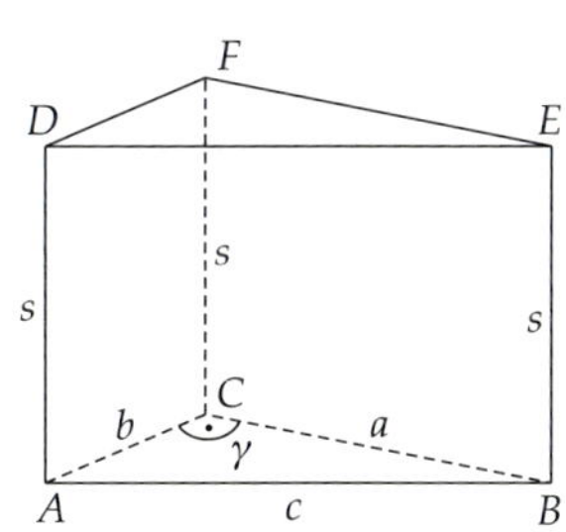

P102 Figur

b) Berechne den Oberflächeninhalt O des Dreieckprismas:

$O = A_{\triangle ABC} + A_{\square ABED} + A_{\square \ldots\ldots} + A_{\square \ldots\ldots} + A_{\triangle \ldots\ldots} =$

$= \ldots\ldots \text{ cm}^2 + \ldots\ldots \text{ cm}^2 + \ldots\ldots \text{ cm}^2 + \ldots\ldots \text{ cm}^2 + \ldots\ldots \text{ cm}^2$

$= \ldots\ldots \text{ cm}^2$

oder kürzer:

$O = 2 \cdot A_{\triangle ABC} + (a + b + \ldots\ldots) \cdot \ldots\ldots =$

$= 2 \cdot \ldots\ldots \text{ cm}^2 + \ldots\ldots \text{ cm} \cdot \ldots\ldots \text{ cm} =$

$= \ldots\ldots \text{ cm}^2 + \ldots\ldots \text{ cm}^2 = \ldots\ldots \text{ cm}^2$

Beispiel 2

a) Zeichne auf einem Beiblatt das Netz eines Zylinders mit dem Grundkreisradius $r = 2$ cm und der Zylinderhöhe $h = 5$ cm. (Nimm Figur 100b als Planfigur.)

b) Berechne den Inhalt der Mantelfläche des Zylinders:

$u = \ldots\ldots \cdot \pi \cdot \ldots\ldots = \ldots\ldots \text{ cm}$

$M = \ldots\ldots \cdot h = \ldots\ldots \text{ cm} \cdot \ldots\ldots \text{ cm} = \ldots\ldots \text{ cm}^2$

1.1 Prismen- und Zylindervolumen

Die Formel für das *Volumen gerader Prismen* kennst du sicher bereits:

$V_{\text{Prisma}} = G \cdot h$

Dabei steht G für den Flächeninhalt der Grundfläche und h für die Körperhöhe.

Vielleicht erinnerst du dich noch daran, dass diese Formel zunächst für einen Quader entwickelt und dann für beliebige Vielecke als Prismengrundflächen verallgemeinert wurde.

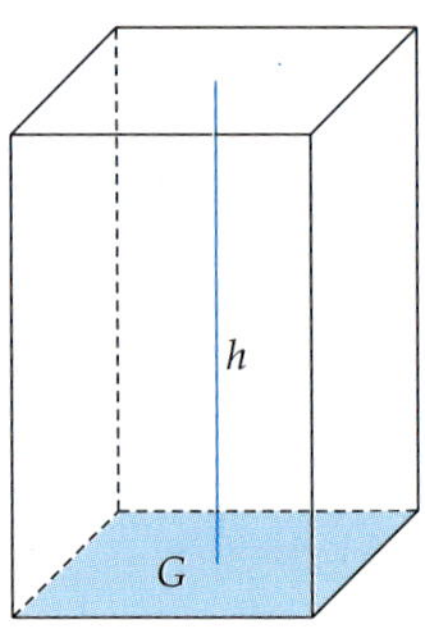

105 a Figur

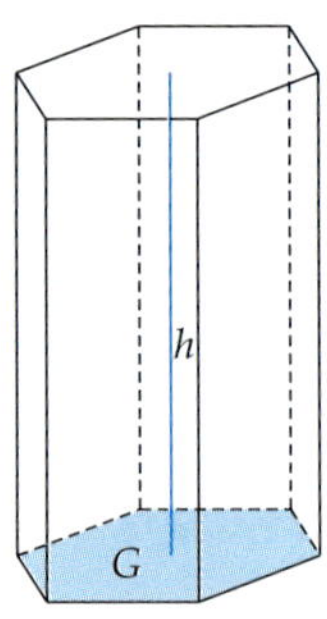

105 b Figur

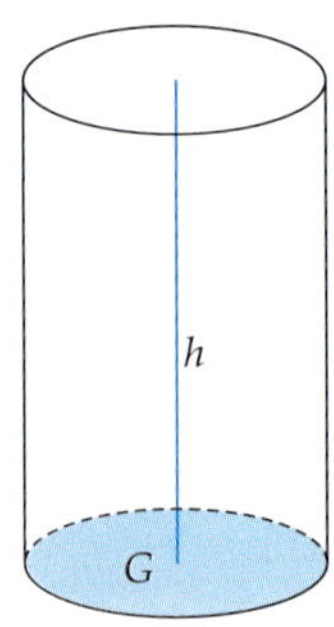

105 c Figur

Zwei Prismen mit gleicher Höhe besitzen dasselbe Volumen, wenn ihre …………………………… inhaltsgleich sind.

Derselbe Gedankengang führt durch Verallgemeinerung der obigen Formel auf die Volumenformel für Zylinder.

Mit der Kreisflächenformel für die Grundfläche lautet die

Formel für das Zylindervolumen:

$V_{Zylinder} = \dots\dots \cdot h = \dots\dots \cdot \dots\dots \cdot h$

Diese Volumenformeln für gerade Körper lassen sich nun auch *unverändert* – nach dem Prinzip von CAVALIERI – auf „schiefe" Prismen bzw. „schiefe" Zylinder übertragen.

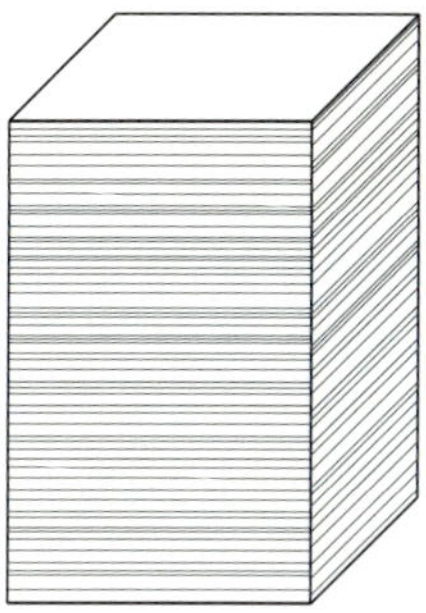

105d Figur

Das Prinzip von CAVALIERI kannst du dir klarmachen, wenn du dir beim Quader aus Figur 105a vorstellst, dass er aus einem Stapel von jeweils gleich großen Notizzetteln besteht (vergleiche Figur 105d).

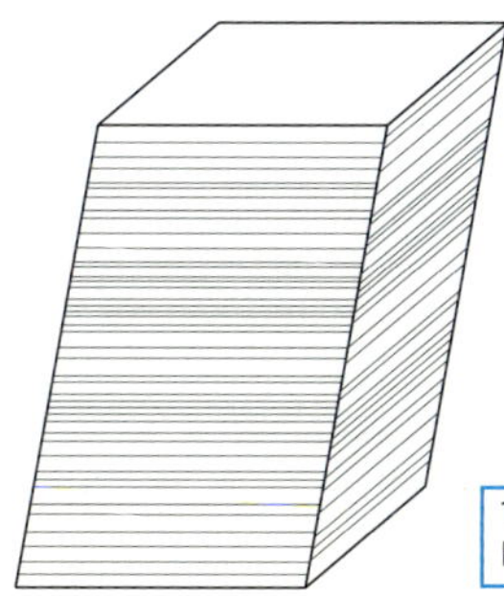

105e Figur

Das Volumen dieses Stapels ändert sich nicht, wenn er in sich verschoben wird, wie bei Figur 105e.

Und da dieser Gedankengang unabhängig von der Form der Grund- bzw. Deckfläche ist, gelten die Volumenformeln uneingeschränkt sowohl für gerade als auch für schiefe Prismen bzw. Zylinder.

Beispiel

Berechne das Volumen einer Sechsecksäule, deren Grund- und Deckfläche jeweils ein reguläres Sechseck ist, mit der Seitenlänge $a = 5$ cm und der Körperhöhe $h = 12$ cm.

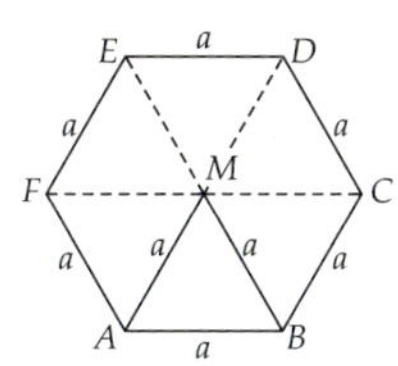

P106 Figur

In der Planfigur 106 ist die Grundläche der Sechsecksäule gezeichnet (vergleiche als Planfigur der Säule auch Figur 105b).

Der Flächeninhalt des Sechsecks lässt sich leicht berechnen, da das Bestimmungsdreieck ABM ein gleich.................................... Dreieck ist.

Nach der Formel von Aufgabe B 8c gilt für die Dreiecksfläche:

$$A_{\triangle ABM} = \frac{\sqrt{\dots\dots} \cdot a^2}{4} = \frac{\dots\dots\dots \cdot \dots\dots\dots \text{ cm}^2}{4} = \dots\dots\dots \text{ cm}^2$$

Sechseckfläche:

$G = \dots \cdot A_{\triangle} = \dots \cdot \dots\dots \text{ cm}^2 = \dots\dots \text{ cm}^2$

Säulenvolumen:

$V = G \cdot h = \dots\dots \text{ cm}^2 \cdot \dots\dots \text{ cm} = \dots\dots \text{ cm}^3$

Aufgaben

D1 Berechne das Volumen eines Zylinders mit dem Grundkreisradius $r = 2{,}5$ cm und der Körperhöhe $h = 8$ cm.

$G = \dots\dots$ $V = \dots\dots$

D2 Berechne das Volumen eines Körpers, der aus einem Quader mit aufgesetztem Prisma besteht. Das Prisma hat ein gleichseitiges Dreieck als Grundfläche. Die Deckfläche des Quaders und eine Seitenfläche des Prismas fallen zusammen. (Vergleiche Planfigur 107.)

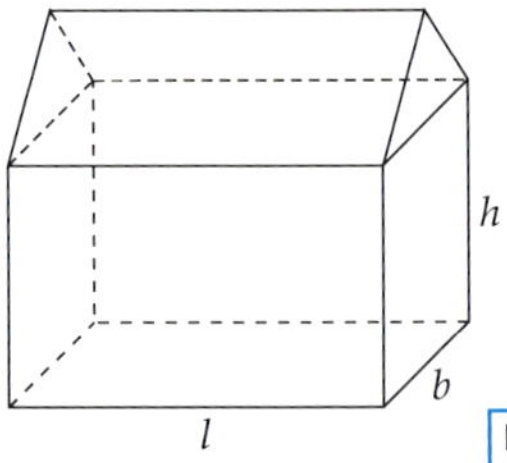

P 107 Figur

Die Maße des Quaders sind: $l = 10$ m, $b = 4$ m, $h = 5$ m

$V_{Quader} = \dots\dots$ $G_{Prisma} = \dots\dots$

$V_{Prisma} = \dots\dots$ $V_{Körper} = \dots\dots$

D3 Von einem Quader sind seine Länge $l = 13$ cm, seine Breite $b = 9$ cm und sein Volumen $V = 819\text{ cm}^3$ bekannt.
Berechne die Höhe h des Quaders.

D4 Berechne den Grundkreisradius eines 8 cm hohen Zylinders, der ein Volumen $V = 240\text{ cm}^3$ hat.

$V = \pi \cdot r^2 \cdot h \quad \Rightarrow \quad r^2 = \dfrac{V}{\dots \cdot \dots}$

$r^2 = \dots\dots$

$\Rightarrow \quad r = \dots\dots \text{ cm}$

2. Pyramiden und Kegel

Als **Pyramiden** bzw. **Spitzkörper** werden Körper bezeichnet, die Vielecke als Grundflächen besitzen und deren Seitenflächen sich alle in einem Punkt – der **Spitze** –„über" der Grundfläche treffen.

Wir beschränken uns im Folgenden zunächst auf gerade Pyramiden bzw. gerade Spitzkörper, bei denen die Spitze senkrecht über dem Mittelpunkt der Grundfläche liegt. Die Volumenformeln werden anschließend wieder auf die entsprechenden „schiefen" Körper übertragen.

108a Figur

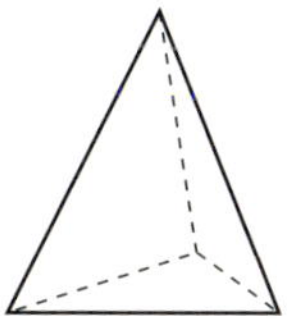

108b Figur

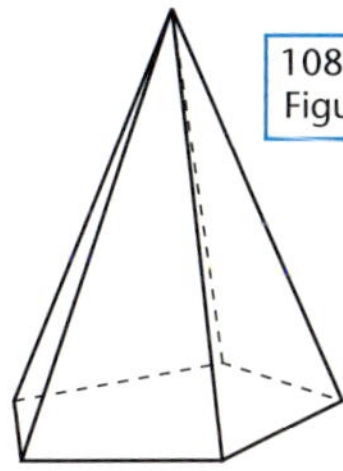

108c Figur

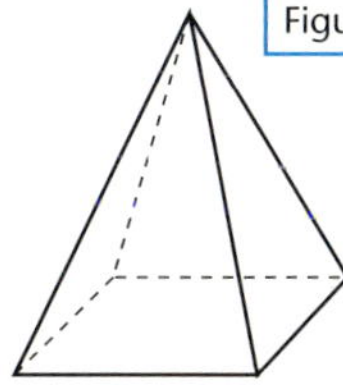

108d Figur

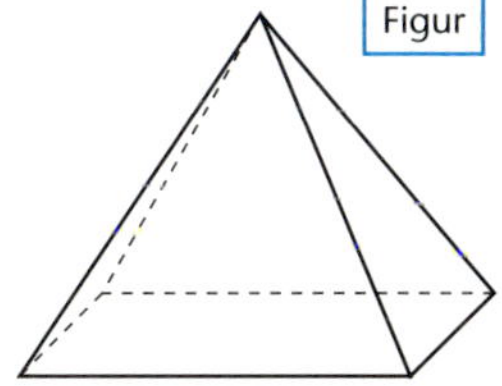

- Die Seitenflächen sind jeweils ....ecke.
- Den Abstand der Spitze S von der Grundfläche bezeichnet man als **Höhe** h des Körpers.

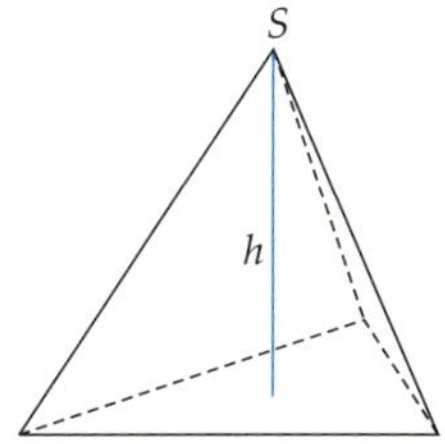

109 Figur

110 Figur

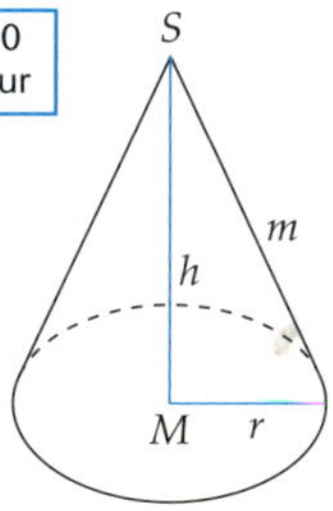

Der Sonderfall eines Spitzkörpers mit *kreisförmiger* Grundfläche, bei dem die Spitze S senkrecht über dem Grundkreismittelpunkt M liegt, wird als **(Kreis-)Kegel** bezeichnet.

Das *Netz eines Kegels* (Figur 111) besteht aus dem Grundkreis und einem **Kreisausschnitt**, der vom **Kreisbogen** b und den **Mantellinien** m begrenzt wird.

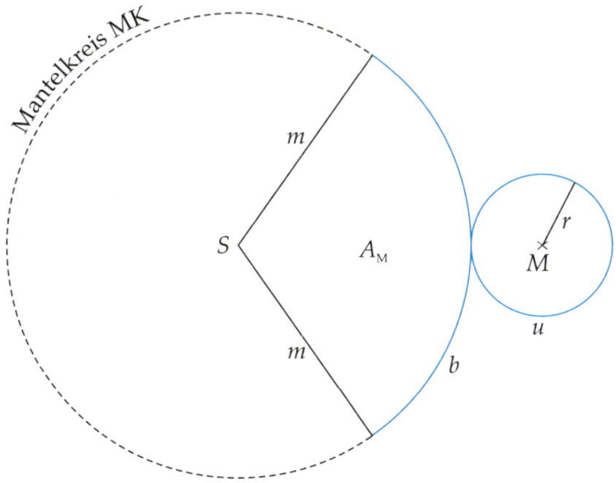

111 Figur

Zur Formel für die Berechnung der Mantelfläche (A_M) eines Kreiskegels führen folgende Überlegungen:

- Die Länge des Kreisbogens b stimmt mit der Länge des ………………………… des Grundkreises überein:

  $b = u \quad \Rightarrow \quad b = 2 \cdot \ldots\ldots \cdot \ldots\ldots$

- Die Gesamtfläche des Kreises (A_{MK}), aus dem der Mantel stammt, berechnet sich nach der Formel:

  $A_{MK} = \pi \cdot \ldots\ldots^2$

Wir suchen nun den Teil der Gesamtfläche dieses Kreises, der der Länge des Kreisbogens entspricht.

- Um zu wissen, wie viel Fläche auf 1 cm Bogenlänge trifft, muss die Gesamtfläche durch den Umfang (in cm) des Kreises geteilt werden:

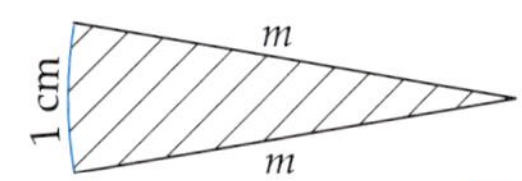

112 Figur

  Fläche pro 1 cm Bogenlänge $= \dfrac{\pi \cdot m^2}{2 \cdot \pi \cdot \ldots\ldots}$

- Wenn wir diesen Term mit der Länge des Kreisbogens b multiplizieren, erhalten wir den Flächeninhalt des zum Kreisbogen gehörigen Kreisausschnittes, also des Mantels:

$$A_M = \frac{\pi \cdot m^2}{2 \cdot \pi \cdot \ldots\ldots} \cdot \underbrace{2 \cdot \ldots\ldots \cdot \ldots\ldots}_{\text{Kreisbogen}}$$

Nach dem Kürzen ergeben sich die Formeln:

Flächeninhalt des Kegelmantels $A_M = \pi \cdot m \cdot r$

Oberflächeninhalt des Kegels $O = \underbrace{\pi \cdot r^2}_{\text{Grundkreis}} + \underbrace{\pi \cdot m \cdot r}_{\text{Mantel}}$

bzw. $O = \pi \cdot r \cdot (r + \ldots\ldots)$

Aufgaben

D5 Berechne die Oberfläche O eines Kegels mit dem Grundkreisradius $r = 4\,\text{cm}$ und der Mantellinie $m = 10\,\text{cm}$.

D6 Von einem Kegel ist die Grundfläche mit $G = 78{,}5\,\text{cm}^2$ und die Höhe mit $h = 12\,\text{cm}$ gegeben.

a) Berechne den Grundkreisradius r (mit $\pi = 3{,}14$).

b) Berechne die Mantellinie m.
(Zeichne zunächst in Figur P113 die jetzt bekannten Strecken h und r mit Farbe ein; dann erkennst du, welchen Satz du zum Berechnen von m benötigst.)

c) Berechne die Mantelfläche des Kegels.

P113 Figur

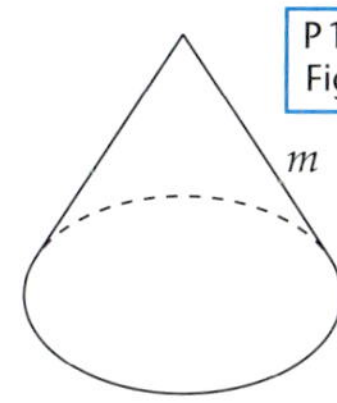

2.1 Pyramiden- und Kegelvolumen

Die Formel für die Volumenberechnung von Pyramiden soll hier nicht hergeleitet und bewiesen, sondern nur verständlich gemacht werden.

Stelle dir ein Prisma und eine Pyramide vor, die gleiche Grundflächen und gleiche Höhen haben.

114 Figur

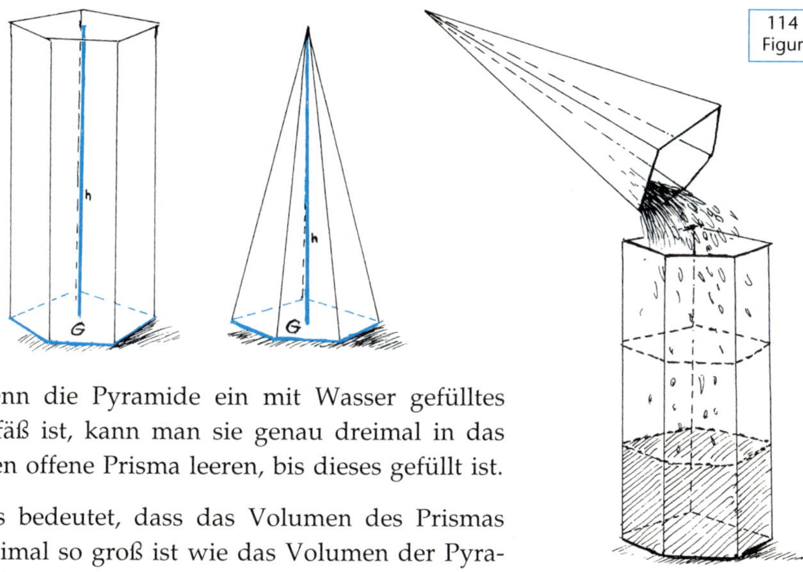

Wenn die Pyramide ein mit Wasser gefülltes Gefäß ist, kann man sie genau dreimal in das oben offene Prisma leeren, bis dieses gefüllt ist.

Das bedeutet, dass das Volumen des Prismas dreimal so groß ist wie das Volumen der Pyramide – bei inhaltsgleichen Grundflächen und gleichen Körperhöhen!

Anders gesagt: Das *Volumen der Pyramide* beträgt ein Drittel vom Volumen des Prismas.

$$V_{\text{Pyramide}} = \frac{1}{3} \cdot G \cdot h$$

Da diese Formel wieder aussagt, dass alle Pyramiden mit gleicher Höhe und inhaltsgleichen Grundflächen dasselbe Volumen besitzen, lässt sich damit auch die *Volumenformel für Kegel* schreiben:

$$V_{\text{Kegel}} = \frac{1}{3} \cdot \pi \cdot r^2 \cdot h$$

Auch diese Volumenformeln für gerade Pyramiden und Kegel gelten wieder unverändert – nach dem Prinzip von CAVALIERI – für die entsprechenden „schiefen" Körper (vergleiche Abschnitt 1.1).

Beachte:
Falls es dir schwer fällt, die Schrägbilder von Prismen und Pyramiden zu zeichnen, findest du eine systematische Erklärung im Kapitel F von Band ML 626. Da in der Schule in diesem Zusammenhang aber meist nur Skizzen verlangt werden, kannst du die Schrägbilddarstellungen auch üben, indem du die Schrägrisse in diesem Kapitel jeweils nachzeichnest.

115 Figur

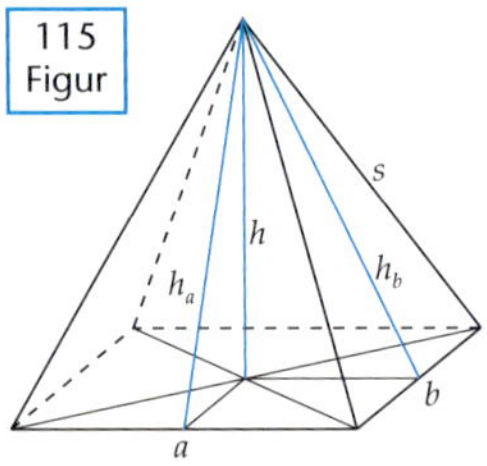

Beachte:
Bei den Berechnungen der Mantelflächen von Pyramiden stimmt die **Körperhöhe** *h nicht* mit den **Dreieckshöhen der Seitenflächen** (h_a und h_b) überein.

Beispiel

Von einer Pyramide mit rechteckiger Grundfläche sind die Rechtecksseiten $a = 8$ cm und $b = 6$ cm sowie die Körperhöhe $h = 12$ cm gegeben.

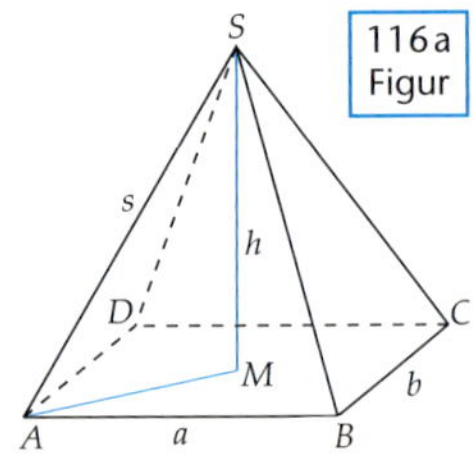

116a Figur

a) Zeichne die gegebenen Stücke mit Farbe in die Figur P116a ein.

b) Berechne das Volumen der Pyramide.

$V = \frac{1}{3} G \cdot h \quad \Rightarrow \quad V = \ldots\ldots\ldots\ldots \text{ cm}^3$

c) Berechne die Länge der Seitenkante *s*.

Die Länge der Seitenkante *s* lässt sich aus dem .... winkligen Dreieck *AMS* berechnen.

➡ Schraffiere in Figur P116a das Dreieck *AMS*.

Im Dreieck *AMS* liegt der rechte Winkel bei ....; dies bedeutet: Die Strecke *s* ist *Hypotenuse / Kathete*.

[*AM*] ist die halbe Diagonale im Rechteck *ABCD*; zeichne in der Planfigur 116b die Strecke [*AM*] ein und berechne ihre Länge.

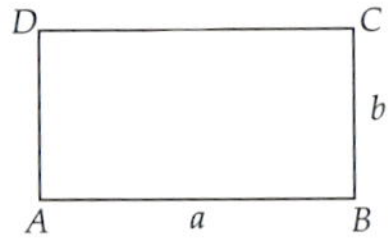

116b Figur

$\overline{AM}$ = ...

s^2 = ...

$\Rightarrow$ s = ... cm

d) Berechne die Fläche des Seitendreiecks ABS. In Figur P116c ist das $\triangle ABS$ als Planfigur gezeichnet.

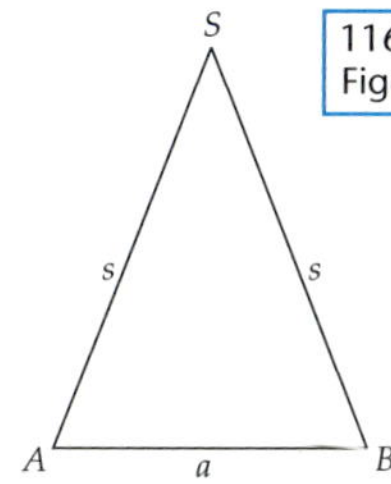

116c Figur

➡ Zeichne die Dreieckshöhe h_a ein.

Berechne zunächst die Dreieckshöhe h_a und damit dann den Flächeninhalt des $\triangle ABS$.

h_a = ... cm $\Rightarrow$ $A_{\triangle ABS}$ = ...

e) Berechne die Fläche des Seitendreiecks BCS. In Figur P116d ist das $\triangle BCS$ als Planfigur gezeichnet. Gehe vor wie in Teilaufgabe d).

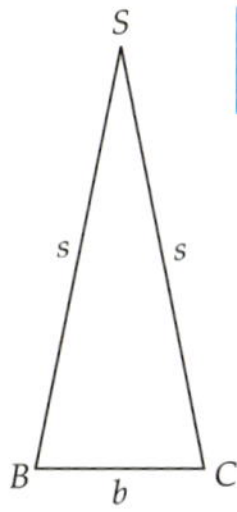

116d Figur

h_b = ... cm $\Rightarrow$ $A_{\triangle BCS}$ = ...

f) Berechne die Oberfläche der Pyramide.

Für den Flächeninhalt des Mantels M der Pyramide gilt:

M = ... $\cdot$ $A_{\triangle ABS}$ + ... $\cdot$ $A_{\triangle BCS}$ =

= .... cm^2 + ... cm^2 = ... cm^2

Für den Oberflächeninhalt der Pyramide gilt:

O = ... + M =

= .... cm^2 + ... cm^2 = ... cm^2

Die Dreieckshöhen der Mantelflächen von Pyramiden mit rechteckiger Grundfläche lassen sich auch ohne Kenntnis der Seitenkante berechnen. In den beiden Figuren 116e und 116f sind die so genannten **Stützdreiecke** der Mantelflächen eingezeichnet:

116e Figur

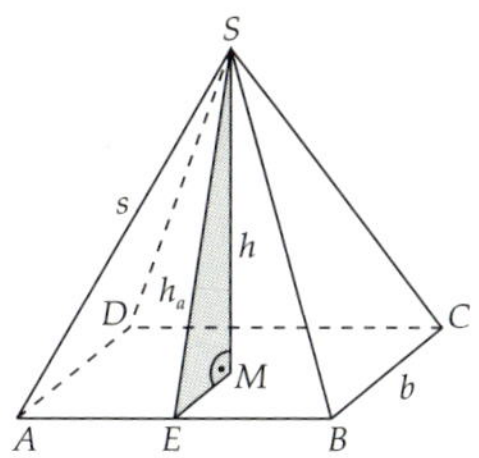

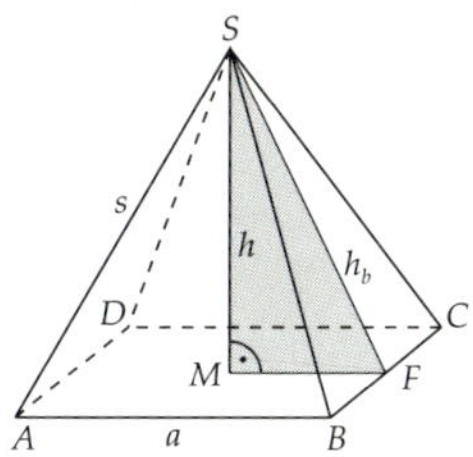

116f Figur

Die Dreieckshöhe h_a ist *Hypotenuse / Kathete* im $\triangle EMS$.

$$h_a = \sqrt{\overline{EM}^2 + \overline{MS}^2} = \sqrt{\left(\frac{b}{2}\right)^2 + h^2}$$

(Zur Berechnung auf der nächsten Seite verwendest du die Zahlenwerte aus dem gerade behandelten Beispiel.)

Mit $\frac{b}{2}$ = ... cm gilt:

$h_a = \sqrt{\text{..........}\,\text{cm}^2 + \text{..........}\,\text{cm}^2}$ = ... cm

Die Dreieckshöhe h_b ist *Hypotenuse / Kathete* im $\triangle FMS$.

$h_b = \sqrt{\overline{MF}^2 + \text{..........}^2}$

Mit $\overline{MF} = \frac{\text{.......}}{2}$ = ... cm gilt:

$h_b = \sqrt{\text{..........}\,\text{cm}^2 + \text{..........}\,\text{cm}^2}$ = ... cm

Aufgaben

D7

Von einer Pyramide mit quadratischer Grundfläche sind die Grundkante $a = 12$ cm und die Körperhöhe $h = 8$ cm gegeben.

P117 Figur

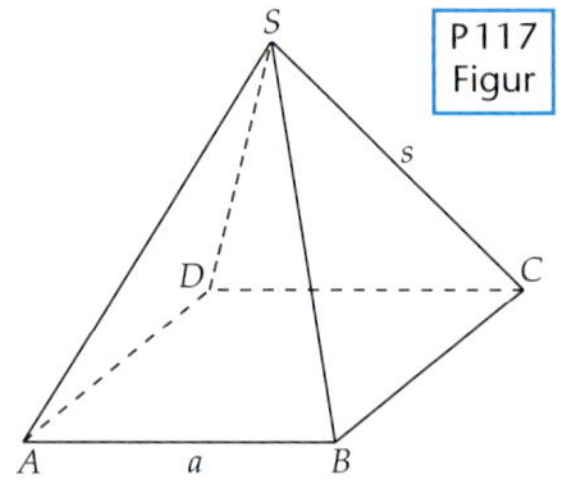

a) Zeichne in Figur P117 die gegebenen Strecken farbig und die Höhe h_a im Seitendreieck gestrichelt ein.

b) Berechne die Höhe h_a der Seitendreiecke.

c) Berechne den Flächeninhalt A eines Seitendreiecks.

d) Berechne die Mantelfläche A_M der Pyramide.

e) Berechne das Volumen der Pyramide.

f) Berechne die Länge der Seitenkanten s.

D8

Von einer Pyramide mit einem regulären Sechseck als Grundfläche sind die Grundkante $a = 5$ cm und die Seitenkante $s = 9$ cm gegeben.

P118 Figur

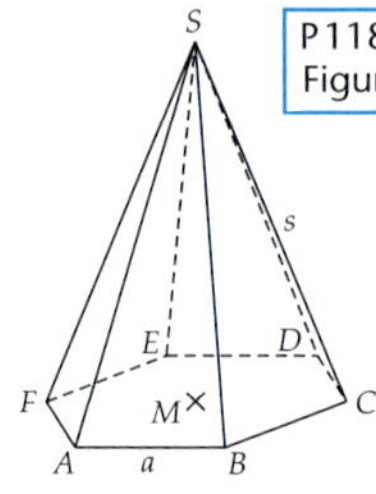

a) Zeichne in Figur P118 die gesuchte Körperhöhe h sowie die Dreieckshöhe h_a im $\triangle BCS$ ein.

b) Berechne die Länge der Körperhöhe.

(Hinweis: Verbinde zum Beispiel M und B, dann lässt sich h im $\triangle MBS$ als Kathete berechnen.)

c) Berechne die Oberfläche der Pyramide.

d) Berechne das Volumen der Pyramide.

Im nächsten Beispiel hat die Pyramide auch als Grundfläche ein Dreieck. Deshalb müssen wir bei der Wahl der Bezeichnungen für die Dreieckshöhen besonders aufmerksam sein.

P119a Figur

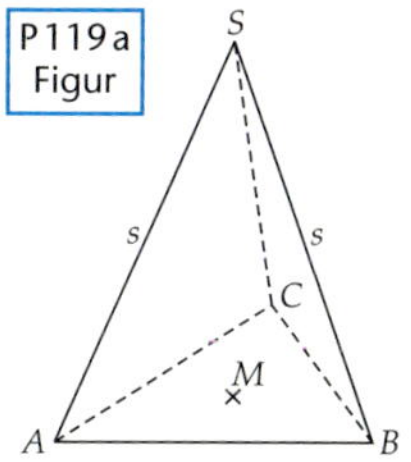

Von einer Pyramide, die ein gleichseitiges Dreieck als Grundfläche hat, sind die Grundkante $a = 5\,\text{cm}$ und die drei Seitenkanten der Pyramide mit jeweils $s = 8\,\text{cm}$ bekannt.

In diesem Beispiel sei h_a die Bezeichnung für die Höhe im Grundflächendreieck; die Höhen in den Seitendreiecken, die den Mantel bilden, bezeichnen wir mit h_M.

Beispiel

a) Zeichne in die Figur P119a die Körperhöhe $h = [SM]$ ein und verbinde mit einer gestrichelten Linie ihren Fußpunkt M mit A.

b) Die Länge der Körperhöhe h lässt sich mit folgenden Überlegungen berechnen:

Die Körperhöhe h ist *Kathete / Hypotenuse* im $\triangle AMS$ mit dem rechten Winkel bei ....

Um die Länge der gestrichelten Strecke $\overline{AM}$ zu erhalten, ist das Grundflächendreieck ABC in Figur P119b nochmals als Planfigur gezeichnet.

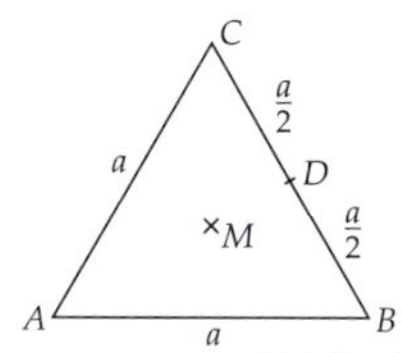

P119b Figur

Da alle Seitenkanten der Pyramide gleich lang sind, muss M der Umkreismittelpunkt des $\triangle ABC$ sein.

Beim gleichseitigen Dreieck fällt der Umkreismittelpunkt mit dem Schwerpunkt zusammen und die Mittelsenkrechten fallen mit den Schwerlinien und den Dreieckshöhen zusammen.

➡ Zeichne in Figur P119b von A aus mit gestrichelter Linie die Mittelsenkrechte bzw. die Höhe zur gegenüberliegenden Seite ein.

Da M auch Schwerpunkt ist, wissen wir, dass M die Dreieckshöhe $[AD]$ im Verhältnis 2 : 1 teilt (vergleiche ML 626, Abschnitt C 3.3.)

Die Länge der Dreieckshöhe $\overline{AD}$ können wir nach der Formel aus Aufgabe B8 berechnen:

$$h_a = \sqrt{3} \cdot \frac{a}{2}$$

$$\Rightarrow \quad \overline{AD} = h_a = \sqrt{3} \cdot \frac{\ldots\ldots\ldots\ \text{cm}}{2} = \ldots\ldots\ldots\ \text{cm}$$

$$\overline{AM} = \frac{2}{3}\overline{AD} \quad \Rightarrow \quad \overline{AM} = \frac{2}{3} \cdot \ldots\ldots\ \text{cm} = \ldots\ldots\ \text{cm}$$

$$h^2 = s^2 - \overline{AM}^2$$

$$h^2 = \ldots\ldots\ldots\ \text{cm}^2 - \ldots\ldots\ldots\ \text{cm}^2 = \ldots\ldots\ldots\ \text{cm}^2$$

$$\Rightarrow \quad h = \ldots\ldots\ \text{cm}$$

c) Berechne den Flächeninhalt des Grundflächendreiecks.

d) Berechne das Volumen der Pyramide.

➜

e) Berechne schrittweise den Flächeninhalt des Mantels:

In der Planfigur 119c ist eines der gleichschenkligen Seitendreiecke gezeichnet.

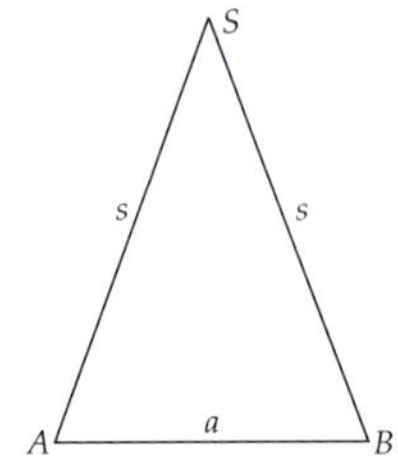

P119c Figur

➡ Zeichne in Figur P119c die Dreieckshöhe h_M zur Grundlinie a ein und berechne ihre Länge:

h_M = ...

Berechne damit den Flächeninhalt eines Seitendreiecks:

$A_{\triangle ABS}$ = ...

Für den Flächeninhalt des Mantels gilt damit:

M = ... $\cdot A_{\triangle ABS}$ = ... cm²

Eine Pyramide mit gleichseitigen Dreiecken als Grund- und Seitenflächen heißt reguläres **Tetraeder** bzw. **Vierflächner**. (griechisch: tetra = vier)

Eine „Doppelpyramide" mit jeweils gleichseitigen Dreiecken als Seitenflächen heißt reguläres **Oktaeder** bzw. **Achtflächner**. (griechisch: okto = acht)

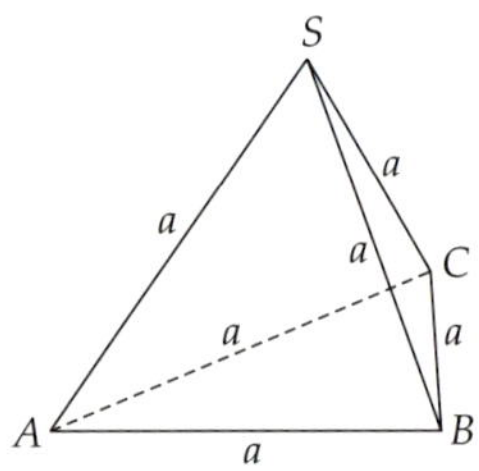

120 Figur

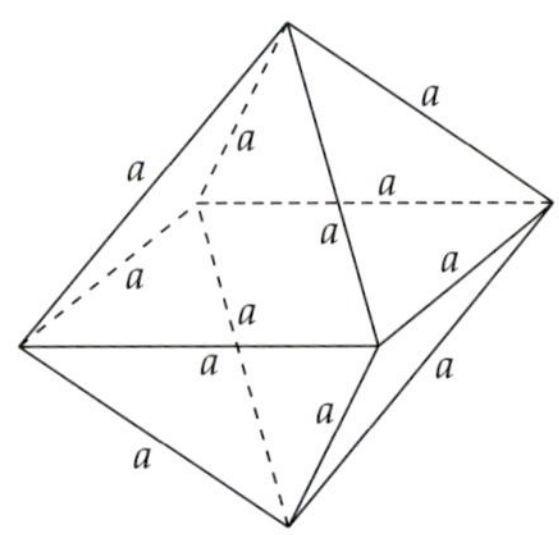

121 Figur

Aufgaben

D9 Gegeben sei ein reguläres Tetraeder mit der Kantenlänge $a = 5$ cm. (Betrachte Figur 120 als Planfigur.)

a) Berechne die Länge der Körperhöhe h mit den Überlegungen aus dem letzten Beispiel:

Im Dreieck *AMS* ist *h Hypotenuse / Kathete*.

b) Berechne mit den Überlegungen des letzten Beispiels die Oberfläche des Tetraeders.

c) Berechne das Volumen des Tetraeders.

D10 Gegeben sei ein reguläres Oktaeder mit der Kantenlänge $a = 5$ cm.

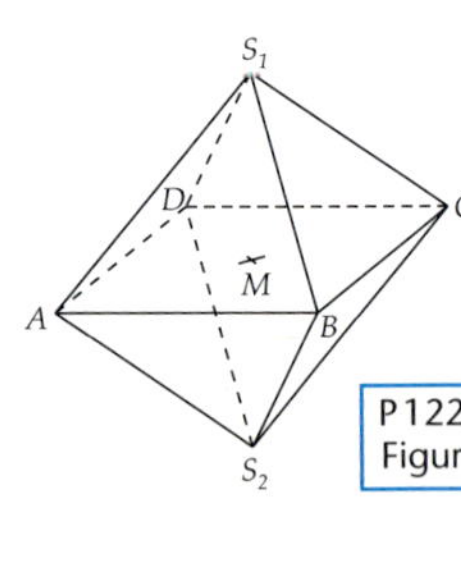

P122 Figur

a) Zeichne in Figur P122 die Diagonalen des Quadrates *ABCD* ein und verbinde die obere und untere Spitze des Oktaeders.

b) Berechne mithilfe der Formel aus Aufgabe B6 die Länge der halben Diagonale im Quadrat *ABCD*.

c) Berechne die halbe Körperhöhe.

d) Berechne das Volumen des Tetraeders.

e) Berechne mit den Überlegungen des letzten Beispiels die Oberfläche des Tetraeders.

3. Pyramidenstumpf und Kegelstumpf

Wenn man von einer Pyramide bzw. einem Kegel – parallel zur Grundfläche – den „oberen Teil abschneidet", entsteht ein **Pyramidenstumpf** bzw. ein **Kegelstumpf**.

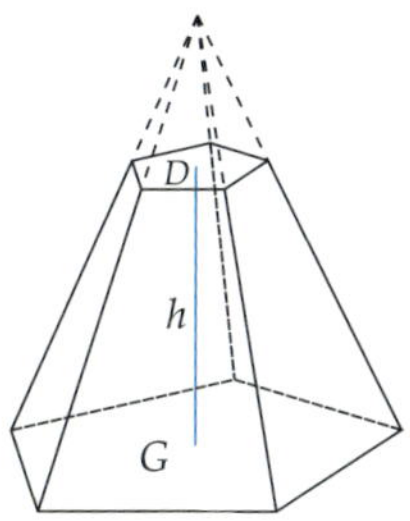

123 Figur

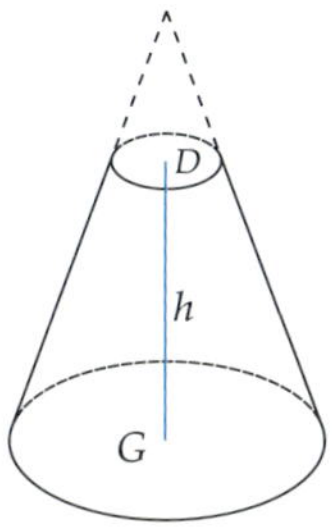

124 Figur

Der Abstand der parallelen Grund- und Deckfläche heißt **Höhe** des Pyramiden- bzw. Kegelstumpfes.

Die abgeschnittene Pyramidenspitze heißt **Ergänzungspyramide**.

Die abgeschnittene Kegelspitze heißt **Ergänzungskegel**.

Eigenschaften des Pyramidenstumpfes

- Bei jedem Pyramidenstumpf sind Grund- und Deckflächen ähnliche Vielecke.
- Bei jedem Pyramidenstumpf besteht die Mantelfläche aus ....

Auf der nächsten Seite werden wir die Herleitung der Volumenformel für den Pyramidenstumpf durchführen und anschließend auf den Kegelstumpf übertragen.
Falls du die Formelherleitung überspringen willst und du für die Schule nur die Anwendung der Formel brauchst, kannst du auf Seite 97 weitermachen – dort findest du die fertige Formel.

Wenn wir das *Volumen* eines Pyramiden- bzw. Kegelstumpfes berechnen wollen, brauchen wir zunächst die Höhe x der Ergänzungspyramide bzw. des Ergänzungskegels.

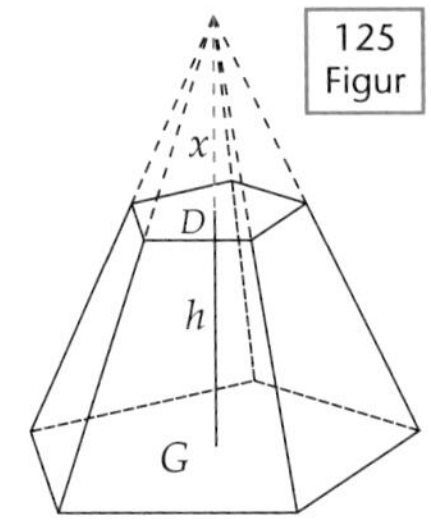

125 Figur

Das Volumen des Pyramidenstumpfes ergibt sich als ………………………… der Volumina der „ganzen Pyramide" und der Ergänzungspyramide.

$$V_{PS} = \underbrace{\frac{1}{3} \cdot G \cdot (h + x)}_{\text{„ganze Pyramide"}} - \underbrace{\frac{1}{3} \cdot D \cdot x}_{\text{Ergänzungspyramide}} \qquad \textbf{I}$$

$$V_{PS} = \frac{1}{3} \cdot G \cdot h + \frac{1}{3} \cdot G \cdot x - \frac{1}{3} \cdot D \cdot x \qquad \textbf{I'}$$

bzw. $$V_{PS} = \frac{1}{3} \cdot G \cdot h + \frac{1}{3} \cdot x \cdot (G - D) \qquad \textbf{I''}$$

Da bei den Angaben eines Pyramidenstumpfes die Höhe der Ergänzungspyramide fehlt, müssen wir versuchen, die Größe x in der Gleichung **I'** zu ersetzen.
Wir werden die Gesetzmäßigkeiten der zentrischen Streckung aus Kapitel A auf diesen Fall übertragen und versuchen, die Länge x durch die Größen G, D und h auszudrücken.

Da bei jedem Pyramidenstumpf Grund- und Deckfläche ähnliche Figuren sind, können wir sie durch eine zentrische Streckung aufeinander abbilden, bei der das Zentrum im Punkt …… liegt.

Den Streckungsfaktor k der zentrischen Streckung, die vom Zentrum S aus die Deck- auf die Grundfläche abbildet, können wir durch das Verhältnis der Höhen der ganzen Pyramide und der Ergänzungspyramide ausdrücken (vergleiche Figur 125):

Für den positiven Streckungsfaktor k gilt: $$\frac{x + h}{\ldots\ldots} = k \qquad \textbf{II}$$

Für die Flächen gilt (vergleiche Abschnitt A1.3):

$$G = k^2 \cdot D$$

bzw. $$\frac{G}{D} = k^2$$

bzw. $$\sqrt{\frac{G}{D}} = k \quad (\text{da} \quad k > 0) \qquad \textbf{III}$$

Wenn wir die linken Seiten der Gleichungen **II** und **III** gleichsetzen, ergibt sich die Verhältnisgleichung:

$$\frac{x + h}{x} = \sqrt{\frac{G}{H}} \qquad \textbf{IV}$$

Diese Gleichung **IV** werden wir nach x auflösen und in die Gleichung **I″** einsetzen:

$$\frac{x+h}{x} = \frac{\sqrt{G}}{\sqrt{D}} \qquad \Big| \cdot x \cdot \sqrt{D}$$

$$(x+h) \cdot \ldots\ldots = x \cdot \sqrt{G}$$

$$x \cdot \ldots\ldots + h \cdot \ldots\ldots = x \cdot \sqrt{G} \qquad \Big| \text{ ordnen}$$

$$h \cdot \ldots\ldots = x \cdot \sqrt{G} - x \cdot \ldots\ldots$$

$$h \cdot \ldots\ldots = x \cdot \left(\sqrt{G} - \ldots\ldots\right) \qquad \Big| : \left(\sqrt{G} - \ldots\ldots\right)$$

$$\Rightarrow \frac{h \cdot \ldots\ldots}{\left(\sqrt{G} - \ldots\ldots\right)} = x$$

Wenn wir diesen Term für x in die Gleichung **I″** einsetzen, ergibt sich:

$$V_{PS} = \frac{1}{3} \cdot G \cdot h + \frac{1}{3} \cdot \frac{h \cdot \ldots\ldots}{\left(\sqrt{G} - \ldots\ldots\right)} \cdot (G - D)$$

Wir kürzen mithilfe von $(G - D) = \left(\sqrt{G} + \sqrt{D}\right) \cdot \left(\sqrt{G} - \sqrt{D}\right)$ (3. binomische Formel):

$$V_{PS} = \frac{1}{3} \cdot G \cdot h + \frac{1}{3} \cdot h \cdot \ldots\ldots\left(\sqrt{G} + \sqrt{D}\right)$$

$$V_{PS} = \frac{1}{3} \cdot G \cdot h + \frac{1}{3} \cdot h \cdot \sqrt{D} \cdot \sqrt{G} + \frac{1}{3} \cdot h \cdot D$$

Nach dem Ausklammern ergibt sich als

Volumenformel für den **Pyramidenstumpf**:

$$V_{PS} = \frac{1}{3} \cdot h \cdot \left(G + \sqrt{G \cdot D} + D\right)$$

Beispiel

Von einem Pyramidenstumpf mit quadratischer Grund- und Deckfläche sind die Grundflächenseite $g = 10\,\text{cm}$, die Deckflächenseite $d = 6\,\text{cm}$ und die Höhe $h = 12\,\text{cm}$ gegeben.

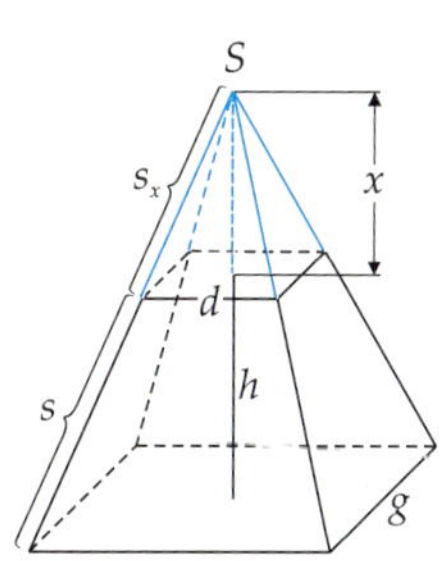

126a Figur

a) Berechne mithilfe der Formel das Volumen des Pyramidenstumpfes.

$V_{PS} = \ldots\ldots\ldots \text{ cm}^3$

b) Berechne die Höhe x der zugehörigen Ergänzungspyramide.

Mithilfe des 2. Strahlensatzes (Abschnitt A2.2) ergibt sich die Verhältnisgleichung:

$$\frac{x}{x+h} = \frac{d}{g} \quad \Leftrightarrow \quad \frac{x}{x + 12\text{ cm}} = \frac{6\text{ cm}}{\ldots\ldots\text{ cm}}$$

Berechne auf einem Beiblatt aus dieser Gleichung die Höhe x der Ergänzungspyramide.

$x = \ldots\ldots$ cm

c) Berechne die Länge der Seitenkanten s des Pyramidenstumpfes.

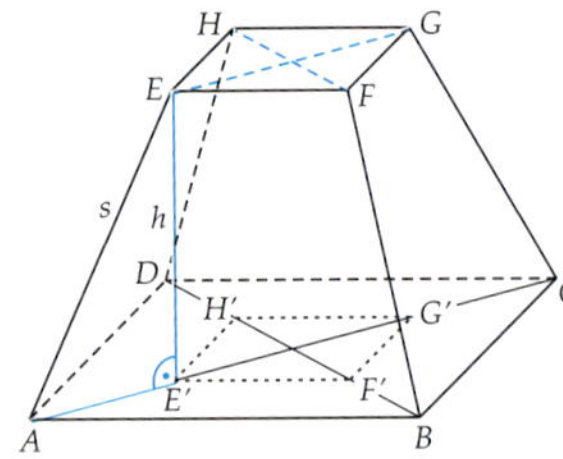

P126b Figur

In Figur P126b erkennst du s als Seite im rechtwinkligen Dreieck $AE'E$ mit dem rechten Winkel bei E'. Da das Quadrat $E'F'G'H'$ als senkrechte Projektion kongruent zum Deckflächenquadrat ist, lässt sich die Länge der Strecke $\overline{AE'}$ berechnen:

$\overline{AC}$ ist Diagonale im Grundflächenquadrat und berechnet sich nach der Formel aus Aufgabe B6:

$\overline{AC} = \ldots\ldots \cdot g = \ldots\ldots \cdot 10\text{ cm} = \ldots\ldots\ldots$ cm

$\overline{EG}$ bzw. $\overline{E'G'}$ ist Diagonale im Deckflächenquadrat:

$\overline{E'G'} = \ldots\ldots \cdot 6\text{ cm} = \ldots\ldots\ldots$ cm

$\overline{AE'}$ ist die .... der Differenz von $\overline{AC}$ und $\overline{E'G'}$.

$$\overline{AE'} = \frac{1}{2} \cdot (\ldots\ldots\text{ cm} - \ldots\ldots\text{ cm}) = \ldots\ldots\text{ cm}$$

Nun lässt sich die Länge der Seitenkante s als *Hypotenuse / Kathete* im rechtwinkligen Dreieck $AE'E$ berechnen:

$$s = \sqrt{\overline{AE'}^2 + h^2} = \sqrt{\ldots\ldots\text{ cm}^2 + \ldots\ldots\text{ cm}^2} = \ldots\ldots\text{ cm}$$

d) Berechne die Mantelfläche des Pyramidenstumpfes.

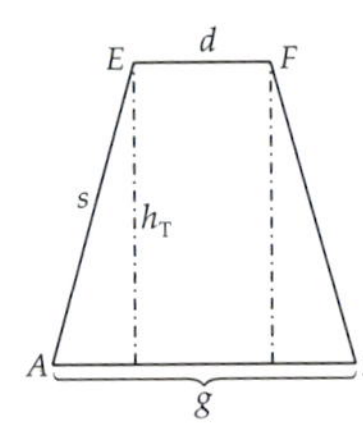

P126c Figur

Die Mantelfläche besteht aus vier kongruenten ....

Berechne zunächst auf einem Beiblatt die Trapezhöhe h_T als Kathete im linken bzw. rechten Teildreieck von Figur P126c:

$h_T = \ldots\ldots\ldots$ cm

Mit der Trapezflächenformel $A_T = \frac{g+d}{2} \cdot h_T$ ergibt sich:

$$A_T = \frac{\ldots\ldots\text{ cm} + \ldots\ldots\text{ cm}}{2} \cdot \ldots\ldots\text{ cm} = \ldots\ldots\ldots\text{ cm}^2$$

$$\Rightarrow \quad A_{Mantel} = \ldots\ldots \cdot A_T = \ldots\ldots\ldots\text{ cm}^2$$

e) Berechne nun noch die Längen der Seitenkanten s_x der Ergänzungspyramide (vergleiche Figur P126a). Hierfür gibt es verschiedene Möglichkeiten; da wir die anderen Strecken bereits alle kennen, bietet sich als einfachste Methode der erste Stahlensatz an (vergleiche Abschnitt A2.1).

$$\frac{s_x}{s} = \frac{x}{\dots\dots} \quad \Big| \cdot s$$

$$\Rightarrow \quad s_x = \frac{x}{\dots\dots} \cdot s$$

$$s_x = \frac{\dots\dots\text{ cm}}{\dots\dots\text{ cm}} \cdot \dots\dots\dots\text{ cm} = \dots\dots\dots\text{ cm}$$

Aufgabe D11

Die Höhe eines geraden quadratischen Pyramidenstumpfes beträgt 12 cm. Die Grundfläche ist um 105 cm² größer als die Deckfläche, die Grundkante ist 5 cm länger als die Deckkante.

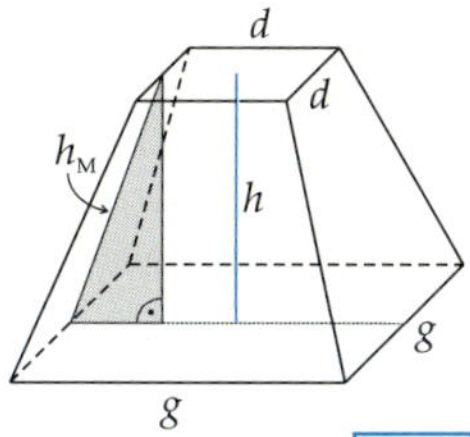

P127 Figur

a) Berechne die Längen der Grund- und Deckkanten g und d.

b) Berechne das Volumen des Pyramidenstumpfes.

c) Berechne die Mantelfläche des Pyramidenstumpfes.

P128 Figur

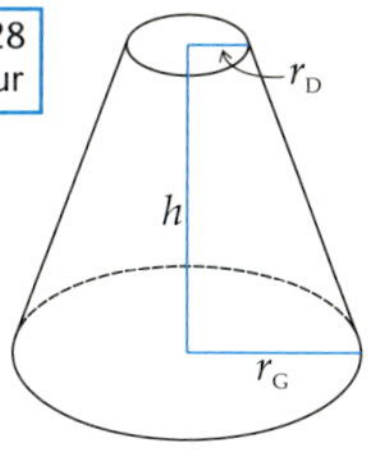

Mit den beiden Radien r_G und r_D für Grund- und Deckkreis lautet die Volumenformel für den *Kegelstumpf*:

$$V_{KS} = \frac{1}{3} \cdot h \cdot \left(\pi \cdot r_G^2 + \sqrt{\pi \cdot r_G^2 \cdot \pi \cdot r_D^2} + \pi \cdot r_D^2\right)$$

bzw.

$$V_{KS} = \frac{1}{3} \cdot \pi \cdot h \cdot \left(r_G^2 + r_G \cdot r_D + r_D^2\right) \qquad \text{(Kegelstumpfvolumen)}$$

Beispiel

Von einem Kegelstumpf sind der Grundkreisradius $r_G = 11\text{ cm}$, der Deckkreisradius $r_D = 5\text{ cm}$ und die Höhe $h = 4\text{ cm}$ gegeben.

a) Berechne mithilfe der Formel das Volumen des Kegelstumpfes.

b) Berechne die Höhe x des zugehörigen Ergänzungskegels.

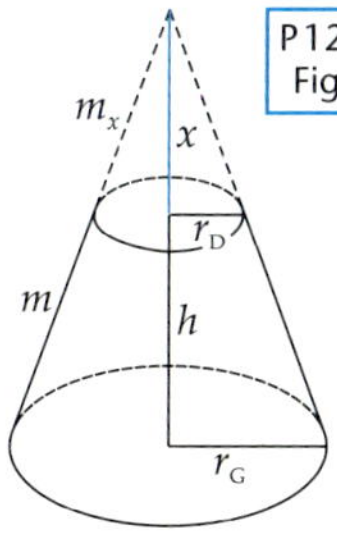

P129a Figur

Ergänze die Strahlensatzgleichung und berechne auf einem Beiblatt die Länge x:

$$\frac{x}{\dots\dots + \dots\dots} = \frac{r_D}{r_G} \quad \Rightarrow \quad x = \dots\dots\dots\dots \text{ cm}$$

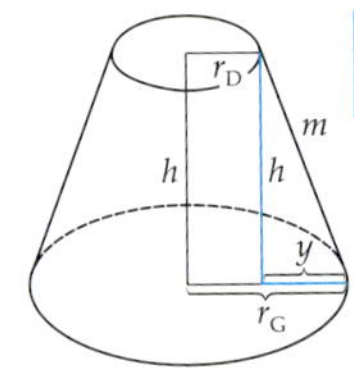

P 129 b Figur

c) Berechne die Länge der Mantellinie m des Kegelstumpfes.

d) Berechne die Länge der Mantellinie m_x des Ergänzungskegels (vergleiche Figur P 129 a).

$$\frac{m_x}{m} = \frac{x}{\dots\dots} \quad \Rightarrow \quad m_x = \dots\dots\dots\dots \text{ cm}$$

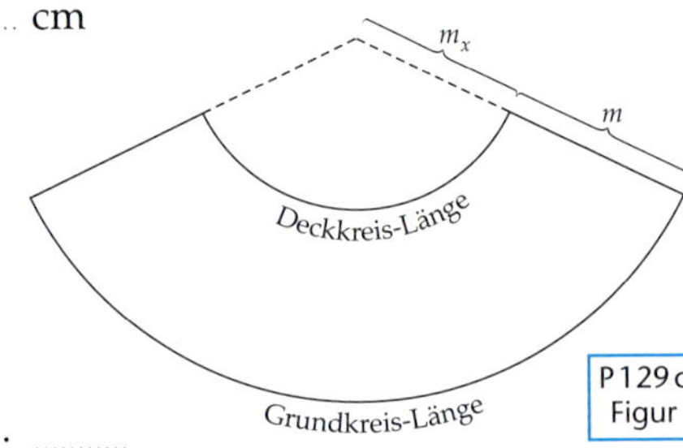

P 129 c Figur

e) Berechne aus der Planfigur P 129 c und der Formel für die Fläche des Kegelmantels aus Abschnitt 2 die Mantelfläche des Kegelstumpfes.

$$M = \pi \cdot (m_x + m) \cdot r_G - \pi \cdot m_x \cdot \dots\dots$$

$$M = \dots\dots\dots\dots\dots\dots \text{ cm}^2$$

Wenn man in der Formel für die Mantelfläche

$$M = \pi \cdot (m_x + m) \cdot r_G - \pi \cdot m_x \cdot r_D$$

die Mantellinie m_x des Ergänzungskegels eliminiert (vergleiche Seite 96 f., als wir in der Volumenformel für den Pyramidenstumpf die Strecke x beseitigt haben), ergibt sich eine einfache Formel für den

Flächeninhalt eines Kegelstumpfmantels:

$$M_{KS} = \pi \cdot (r_G + r_D) \cdot m$$

Löse mit dieser Formel noch einmal die Teilaufgabe e) und vergleiche deine Ergebnisse:

$$M_{KS} = \pi \cdot (11 \text{ cm} + \dots\dots\dots \text{ cm}) \cdot \dots\dots\dots \text{ cm} = \dots\dots\dots\dots\dots \text{ cm}^2$$

Aufgabe D12

Von einem Kegelstumpf sind Mantellinie $m = 10$ cm, Deckflächenradius $r_D = 2$ cm und Höhe $h = 8$ cm gegeben. Zeichne und berechne auf einem Beiblatt.

a) Fertige eine Skizze des Kegelstumpfes mit zugehörigem Ergänzungskegel an und trage dort alle verwendeten Bezeichnungen ein.

b) Berechne den Grundflächenradius.

c) Berechne das Volumen des Kegelstumpfes.

d) Berechne den Flächeninhalt des Kegelstumpfmantels.

e) Berechne die Höhe x des Ergänzungskegels.

f) Berechne das Volumen V_{EK} des Ergänzungskegels.

g) Das Volumen des Ergänzungskegels beträgt .... % des Kegelstumpfvolumens.

4. Rotationskörper

An die Aufgabenstellung in diesem letzten Abschnitt wirst du dich erst gewöhnen müssen. Denn die Körper sind jetzt nicht mit ihrem „Namen" und ihren Bestimmungsgrößen vorgegeben, sondern die Körper entstehen erst durch *Rotation* (Drehung) eines Dreiecks oder Vierecks um eine Drehachse.

P131 Figur

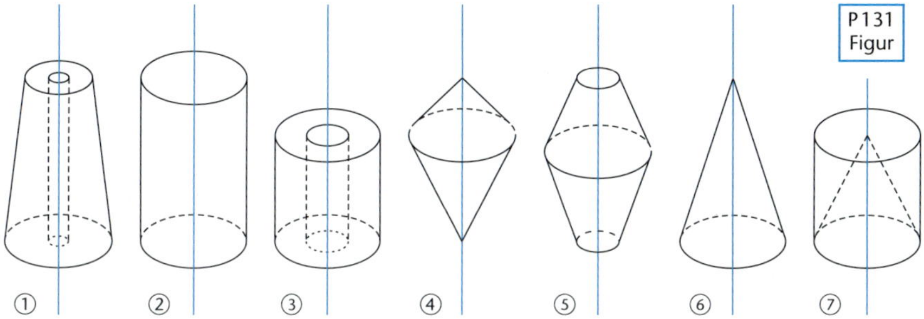

Es wird bei den Aufgaben zunächst darum gehen, dass du dir eine räumliche Vorstellung von den Körpern machst und diese mit Worten beschreibst.
In Figur P131 sind Planfiguren von sieben Körpern gezeichnet, die jeweils eine Nummer tragen. Identifiziere bei den folgenden Beispielen und Aufgaben die Rotationskörper mit einer Nummer von Figur P131.

Beispiel 1

Gegeben sind die vier Punkte $A\,(0\,|\,1)$, $B\,(2\,|\,1)$, $C\,(2\,|\,6)$ und $D\,(0\,|\,6)$.
Erstelle auf einem Extrablatt ein Achsenkreuz mit:
x-Achse von -3 bis $+3$, y-Achse von 0 bis $+7$

(Du wirst bis zum Ende dieses Buches noch sechs weitere Achsenkreuze brauchen. Wenn du eine Möglichkeit zum Kopieren hast, kannst du *einmal* das „große" Achsenkreuz zu Beispiel 3 erstellen und dann kopieren.)

➡ Zeichne das Rechteck $ABCD$ in das Koordinatensystem ein.

Wenn das Rechteck $ABCD$ um die y-Achse rotiert, entsteht der gesuchte Körper.

➡ Spiegle die Punkte B und C an der y-Achse und verbinde diese Spiegelpunkte B' und C' mit A und D zu einem Rechteck auf der „linken" Seite der y-Achse.

Der Rotationskörper entspricht dem Körper Nummer .... aus Figur P131.

➡ Zeichne in dein Achsenkreuz noch die Grund- und Deckfläche ein, damit der Körper deutlicher hervortritt.
(Dabei genügt es, wenn du diese Flächen im Schrägriss nur grob als „gequetschte" Kreise skizzierst.)

Der Körper ist ein ....

a) Lies die Länge des Grundflächenradius ab und berechne den Flächeninhalt der Grundfläche:

r = ... LE (LE für Längeneinheit)

G = ... FE (FE für Flächeneinheit)

b) Lies die Länge der Körperhöhe ab und berechne den Oberflächeninhalt des Körpers:

h = ... LE ; O = ... FE

c) Berechne das Volumen des Körpers:

V = ... RE (RE für Raumeinheit)

Beispiel 2 Gegeben sind die drei Punkte $A\,(0\,|\,1)$, $B\,(3\,|\,1)$ und $C\,(0\,|\,8)$.
Erstelle auf einem Extrablatt ein Achsenkreuz mit:
x-Achse von -3 bis $+3$, y-Achse von 0 bis $+8$

➡ Zeichne das Dreieck ABC in das Koordinatensystem ein.

Wenn das Dreieck ABC um die y-Achse rotiert, entsteht der gesuchte Körper.

➡ Spiegle den Punkt B an der y-Achse und verbinde diesen Spiegelpunkt B' mit A und C.

Der Rotationskörper entspricht dem Körper Nummer .... aus Figur P131.

➡ Zeichne in das Koordinatensystem noch die Grundfläche ein.

Der Körper ist ein ....

a) Lies die Länge des Grundflächenradius r ab und berechne den Flächeninhalt der Grundfläche:

r = ... LE ; G = ... FE

b) Lies die Länge der Körperhöhe ab und berechne die Länge der Mantellinie und den Oberflächeninhalt des Körpers:

h = ... LE ; m = ... LE ; O = ... FE

c) Berechne das Volumen des Körpers:

V = ... RE

Gegeben sind die Punkte $A\,(0\,|\,0{,}5)$, $B\,(6\,|\,5)$ und $C\,(0\,|\,13)$. Beispiel 3

Erstelle auf einem Extrablatt ein Achsenkreuz mit: x-Achse von -6 bis $+6$, y-Achse von 0 bis $+13$

➡ Zeichne das Dreieck ABC in das Koordinatensystem ein.

Wenn das Dreieck ABC um die y-Achse rotiert, entsteht der gesuchte Körper.

➡ Spiegle den Punkt B an der y-Achse und verbinde diesen Spiegelpunkt B' mit A und C.

Der Rotationskörper entspricht dem Körper Nummer .... aus Figur P131.

➡ Verbinde in der Figur P131 noch die Punkte B und B', damit du den Körper besser erkennst.

Beschreibe den Körper mit Worten:
Der Rotationskörper besteht aus zwei ...., die mit ihren kongruenten ....flächen aneinander stoßen.

Solche Körper nennt man **Doppelkegel**.

a) Beweise, dass das Dreieck ABC rechtwinklig ist. Berechne dazu:

$\overline{AC}$ = ... LE ; $\overline{AC}^2$ = ... FE

$\overline{AB}^2$ = ... FE ; $\overline{AB}$ = ... LE

$\overline{BC}^2$ = ... FE ; $\overline{BC}$ = ... LE

$\overline{AB}^2 + \overline{BC}^2$ = ... FE

Da der Satz des PYTHAGORAS erfüllt ist, ist das $\triangle ABC$ rechtwinklig.

b) Lies die Länge des gemeinsamen Grundkreisradius r ab und berechne den Flächeninhalt der gemeinsamen Grundfläche G:

r = ... LE ; G = ... FE

c) Berechne den Flächeninhalt des Mantels M_1 von Kegel $B'BC$:

M_1 = ... FE

d) Berechne den Flächeninhalt des Mantels M_2 von Kegel $BB'A$:

M_2 = ... FE

e) Damit ergibt sich für den Oberflächeninhalt des Doppelkegels:

O = ... FE

f) Berechne das Volumen des Doppelkegels:

V = ... RE

Beispiel 4 Gegeben sind die Punkte $A\,(1\,|\,1)$, $B\,(5\,|\,1)$, $C\,(2\,|\,5)$ und $D\,(1\,|\,5)$.
Erstelle auf einem Extrablatt ein Achsenkreuz mit:
x-Achse von −5 bis +5, y-Achse von 0 bis +6

➡ Zeichne das Trapez *ABCD* in das Koordinatensystem ein.

Wenn das Trapez *ABCD* um die y-Achse rotiert, entsteht der gesuchte Körper.
(Vielleicht erkennst du den gesuchten Körper nicht auf Anhieb; nach den folgenden Hilfestellungen wird es dir aber gelingen! Diesmal hat der Körper keine Verbindung zur y-Achse.)

➡ Spiegle das Trapez *ABCD* an der y-Achse und verbinde die Spiegelpunkte zum Trapez *A'B'C'D'*.

Der Rotationskörper entspricht dem Körper Nummer .... aus Figur P131.

➡ Zeichne in deiner Figur noch die Ergänzungslinien der Grund- und Deckfläche.

Beschreibe den Körper mit Worten:
Der Rotationskörper ist ein ...., bei dem längs der Rotationsachse ein .... „ausgebohrt" ist.

a) Lies die Länge des Grundflächenradius r_G des Kegelstumpfes ab und berechne den Flächeninhalt des vollständigen Grundflächenkreises:

r_{GKS} = ... LE ; A_{GKS} = ... FE

b) Lies die Länge des Deckflächenradius r_D des Kegelstumpfes ab und berechne den Flächeninhalt des vollständigen Deckflächenkreises:

r_{DKS} = ... LE ; A_{DKS} = ... FE

c) Berechne die Länge der Mantellinie des Kegelstumpfes und den Flächeninhalt des Mantels:

m_{KS} = ... LE ; M_{KS} = ... FE

d) Lies die Länge des Grund- bzw. Deckflächenradius r_{GZ} des „ausgebohrten" Zylinders ab und berechne den Flächeninhalt seines Grundflächenkreises:

r_{GZ} = ... LE ; A_{GZ} = ... FE

e) Lies die Länge der Mantellinie m_Z des Zylinders ab und berechne den Flächeninhalt des Zylindermantels:

m_Z = ... LE ; M_Z = ... FE

f) Berechne die Oberfläche des Rotationskörpers.
(Überlege, welche Flächen du mit Rostschutzfarbe bestreichen müsstest, falls der Körper aus Metall wäre.)

O = ... FE

g) Berechne das Volumen des vollständigen Kegelstumpfes:

V_{KS} = ... RE

h) Berechne das Volumen des Zylinders: V_Z = ... RE

i) Damit ergibt sich das Volumen des Rotationskörpers:

V = ... RE

Mit diesen vier Beispielen hast du wichtige Grundtypen von Rotationskörpern kennen gelernt.
Der erste Schritt, damit du dir den Körper vorstellen kannst, besteht immer darin, dass du die gegebene Figur an der Rotationsachse spiegelst. Wenn du in dieser achsensymmetrischen Figur noch die – immer kreisförmigen – Grund- und Deckflächen andeutest, gelingt es dir sicher, den Körper zu beschreiben.

Versuche die Aufgaben selbstständig zu lösen und vergleiche deinen Lösungsweg jeweils mit dem Vorschlag des Lösungsteils.

Aufgaben

D13

Gegeben sind die Punkte $A\ (2\,|\,1)$, $B\ (5\,|\,1)$, $C\ (5\,|\,3)$ und $D\ (2\,|\,3)$.
Erstelle auf einem Extrablatt ein Achsenkreuz mit:
x-Achse von −5 bis +5, y-Achse von 0 bis +4

a) Zeichne die Punkte in das Koordinatensystem ein und skizziere den Körper, der entsteht, wenn das Rechteck $ABCD$ um die y-Achse rotiert.

b) Beschreibe den Rotationskörper mit Worten.

c) Berechne die Oberfläche des Rotationskörpers.

d) Berechne das Volumen des Rotationskörpers.

D14

Gegeben sind die Punkte $A\ (0\,|\,1)$, $B\ (2\,|\,1)$, $C\ (5\,|\,5)$, $D\ (2\,|\,9)$ und $E\ (0\,|\,9)$.
Erstelle auf einem Extrablatt ein Achsenkreuz mit:
x-Achse von −5 bis +5, y-Achse von 0 bis +9

a) Markiere die Punkte im Koordinatensystem und skizziere den Körper, der entsteht, wenn das Fünfeck $ABCDE$ um die y-Achse rotiert.

b) Beschreibe den Rotationskörper mit Worten.

c) Berechne die Oberfläche des Rotationskörpers.

d) Berechne das Volumen des Rotationskörpers.

D15 Gegeben sind die Punkte $A\,(0\,|\,5)$, $B\,(3\,|\,1)$ und $C\,(3\,|\,5)$.
Erstelle auf einem Extrablatt ein Achsenkreuz mit:
x-Achse von -3 bis $+3$, y-Achse von 0 bis $+5$

a) Markiere die Punkte im Koordinatensystem und skizziere den Körper, der entsteht, wenn das Dreieck ABC um die y-Achse rotiert.

b) Beschreibe den Rotationskörper mit Worten.

c) Berechne die Oberfläche des Rotationskörpers.

d) Berechne das Volumen des Rotationskörpers.

5. Kugel

Abschließend wollen wir uns mit der Kugel beschäftigen.

Die Formen für das Volumen und den Oberflächeninhalt veranschaulichen wir uns durch Näherungsbetrachtungen.

Um die Gestalt einer Kugel zu beschreiben, greifen wir auf das Prinzip der Rotationskörper zurück. Wenn ein Halbkreis um seinen Durchmesser rotiert, entsteht eine Kugel.

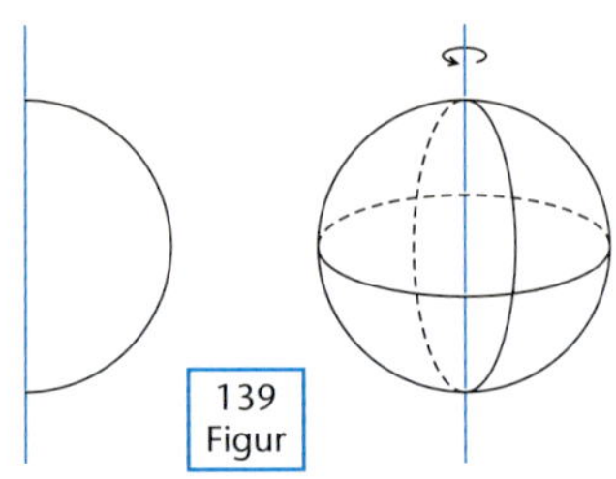

139
Figur

5.1 Kugelvolumen

Um das Volumen einer Kugel abzuschätzen, vergleichen wir es mit dem eines Zylinders.

In Figur 140 ist die Kugel in einen Zylinder so einbeschrieben, dass die Kugel die Begrenzungsflächen des Zylinders von innen berührt. Sicher ist das Volumen des Zylinders größer als das Volumen der einbeschriebenen Kugel. Vergleiche die beiden Volumina von Zylinder und Kugel und schätze ab, welcher Bruchteil des Zylindervolumens von der Kugel eingenommnen wird. Unterstreiche die Formel, die du für möglich hältst, und streiche die beiden anderen Formeln durch:

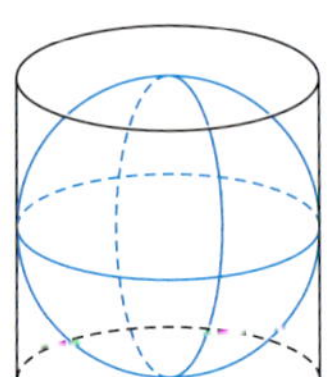

140
Figur

$V_{\text{Kugel}} = \frac{1}{3} \cdot V_Z$ **I**

$V_{\text{Kugel}} = \frac{1}{2} \cdot V_Z$ **II**

$V_{\text{Kugel}} = \frac{2}{3} \cdot V_Z$ **III**

Das Volumen des Zylinders können wir mithilfe von r ausdrücken:

$V_Z = G \cdot h = \pi \cdot r^2 \cdot \,\ldots\ldots \cdot \,\ldots\ldots$

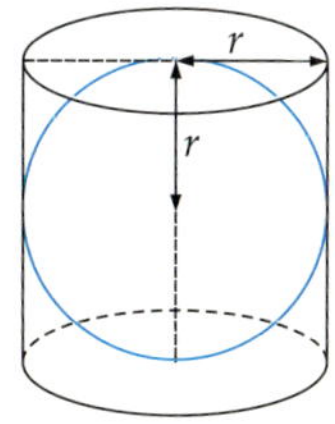

141 Figur

Eine Kugel beansprucht $\frac{2}{3}$ des Volumens ihres umbeschriebenen Zylinders. Daher war Formel **III** die richtige Abschätzung!

Wenn wir das Zylindervolumen in die Formel **III** einsetzen, ergibt sich:

$V_{\text{Kugel}} = \frac{2}{3} \cdot \pi \cdot r^2 \cdot 2 \cdot r$ bzw.

$$V_{\text{Kugel}} = \frac{4}{3} \cdot \pi \cdot r^3 \quad \textbf{(Kugelvolumen)}$$

(Beachte, dass diese Formel für das Kugelvolumen zwar korrekt ist, aber dass wir sie nicht bewiesen, sondern durch Abschätzen erhalten haben.)

Beispiel 1

Berechne das Volumen einer Kugel mit dem Radius $r = 2$ cm.

$V_{\text{Kugel}} = \frac{4}{3} \cdot \pi \cdot (\ldots\ldots\ldots)^3 = \ldots\ldots\ldots\ldots \text{ cm}^3$

Beispiel 2

Berechne den Radius einer Kugel mit dem Volumen $V = 113{,}04 \text{ cm}^3$. (mit $\pi = 3{,}14$)

$V = \frac{4}{3} \cdot \pi \cdot r^3 \quad \Rightarrow \quad r^3 = \frac{V \cdot \ldots\ldots}{\pi \cdot \ldots\ldots} = \ldots\ldots\ldots \text{ cm}^3$

$\Rightarrow \quad r = \ldots\ldots\ldots \text{ cm}$

5.2 Kugeloberfläche

Um die Formel für den Flächeninhalt der Kugeloberfläche zu erhalten, machen wir folgendes Gedankenexperiment.

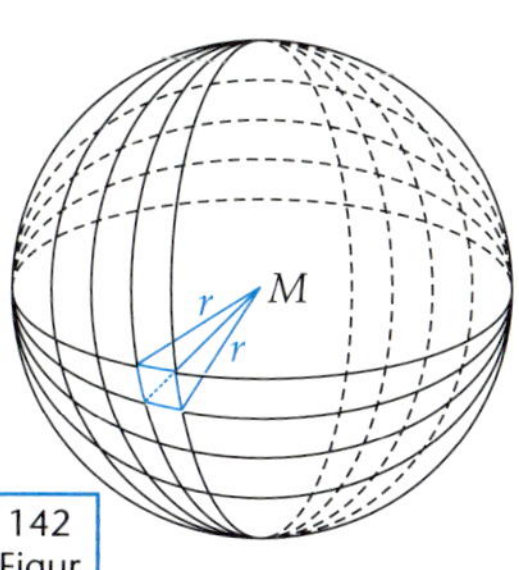

142 Figur

Wir denken uns die Kugel aus vielen Pyramiden zusammengesetzt, die sich mit ihren Spitzen alle im Kugelmittelpunkt treffen. Je kleiner die Pyramidenbausteine gewählt werden, desto kleiner ist die Grundfläche jeder einzelnen Pyramide.

Die Summe dieser Grundflächen ergibt annähernd die gesuchte Kugeloberfläche. Und je kleiner die einzelne Pyramidengrundfläche ist, desto geringer ist der Unterschied zwischen der Summe der ebenen Grundflächen und der gewölbten Kugeloberfläche.

Die Formel für das Pyramidenvolumen $V_P = \frac{1}{3} \cdot G \cdot h$ lässt sich für die Pyramide in Figur 142 umschreiben, da die Pyramidenhöhe mit dem Kugelradius nahezu übereinstimmt, wenn die Grundläche sehr klein ist:

$$V_P = \frac{1}{3} \cdot G_P \cdot r$$

Wenn du diese Formel nach der Grundfläche G_P auflöst, ergibt sich:

$$G_P = \frac{V_P \cdot \,\ldots\ldots}{r}$$

Wenn wir die Grundflächen aller Pyramiden, aus denen die Kugel zusammengesetzt ist, zusammenzählen, ergibt sich die Kugeloberfläche. Addieren wir alle Pyramidenvolumina, ergibt sich das Kugelvolumen.
Damit können wir die letzte Formel auch so schreiben:

$$O_{Kugel} = \frac{V_{Kugel} \cdot 3}{r}$$

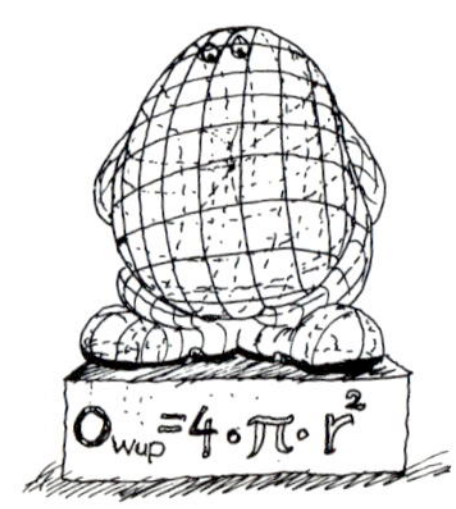

Setzen wir jetzt noch die Formel für das Kugelvolumen aus Abschnitt 5.1 ein, ergibt sich:

$$O_{Kugel} = \frac{\frac{4}{3} \cdot \pi \cdot r^3 \cdot 3}{r}$$ bzw. gekürzt

$O_{Kugel} = 4 \cdot \pi \cdot r^2$ **(Kugeloberfläche)**

Übungen

Berechne den Oberflächeninhalt einer Kugel mit dem Radius $r = 7$ cm.

Berechne die (Gesamt-)Oberfläche einer Halbkugel mit dem Radius $r = 7$ cm.

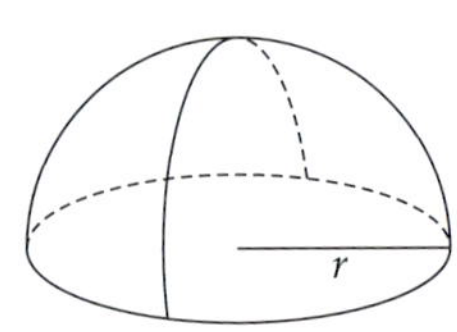

P143 Figur

Berechne den Radius einer Kugel mit dem Oberflächeninhalt $O_{Kugel} = 314$ cm² (mit $\pi = 3{,}14$).

Aufgaben D16

Ein kugelförmiger Behälter hat ein Gesamtvolumen von 4186,67 dm³. Er hat eine 10 cm starke Doppelwand, die mit einer Isoliermasse ausgefüllt ist. Wie viele Liter Isoliermasse wurden gebraucht?

- Die .... der Volumina von äußerer und innerer Kugel ergibt das Volumen der Isoliermasse.

$$V_{\text{Kugel}} = \frac{4}{3} \cdot \pi \cdot r^3 \quad \Rightarrow \quad r_a^3 = \frac{V_{\text{Kugel}} \cdot \ldots}{\ldots \cdot \ldots} = \frac{4186{,}67\,\text{dm}^3 \cdot \ldots}{\ldots \cdot \ldots} =$$

$$= \ldots\ldots\ldots\ldots \,\text{dm}^3$$

$$\Rightarrow \quad r_a = \ldots\ldots\ldots \,\text{dm}$$

- $r_i = r_a - \ldots \,\text{dm} = \ldots\ldots \,\text{dm}$
- $V_{iK} = \frac{4}{3} \cdot \pi \cdot (\ldots\ldots \,\text{dm})^3 = \ldots\ldots\ldots \,\text{dm}^3$

$$V_{\text{Isoliermasse}} = \ldots\ldots\ldots \,\text{dm}^3 - \ldots\ldots\ldots \,\text{dm}^3 =$$

$$= \ldots\ldots\ldots \,\text{dm}^3$$

Es werden .... l Isoliermasse gebraucht.

D17

Einem Kegel, dessen Mantellinie m genauso lang ist wie der Grundkreisdurchmesser, soll eine Kugel einbeschrieben werden.

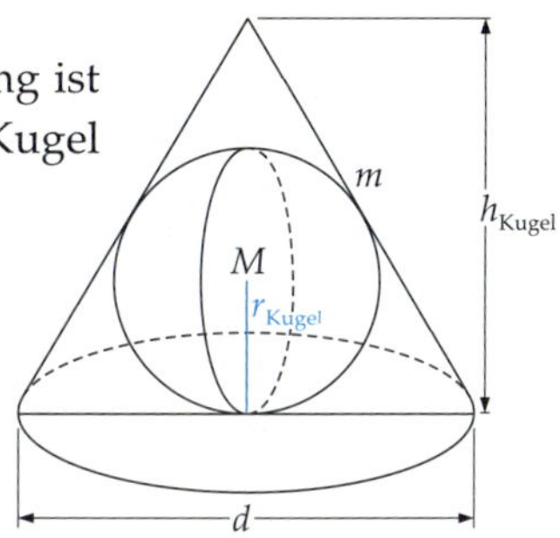

a) Berechne das Volumen des Kegels mit $d_{\text{Kegel}} = m = 6\,\text{cm}$.

$$V_{\text{Kegel}} = \frac{1}{3} \cdot \pi \cdot \left(\frac{d}{2}\right)^2 \cdot h$$

144 Figur

Für die Kegelhöhe gilt nach den Überlegungen aus Aufgabe B8:

$$h_{\text{Kegel}} = \sqrt{\ldots} \cdot \frac{d}{2} = \sqrt{\ldots} \cdot \frac{6\,\text{cm}}{2} = \ldots\ldots\ldots \,\text{cm}$$

$$V_{\text{Kegel}} = \frac{1}{3} \cdot \pi \cdot (\ldots \,\text{cm})^2 \cdot \ldots\ldots \,\text{cm} = \ldots\ldots \,\text{cm}^3$$

b) Berechne das zugehörige Kugelvolumen.

Nach den Überlegungen zur Höhe im gleichseitigen Dreieck von Seite 93f. (s. auch Figur P119b) gilt:

$$r_{\text{Kugel}} = \frac{1}{3} \cdot h_{\text{Kegel}} = \frac{1}{3} \cdot \ldots\ldots \,\text{cm} = \ldots\ldots \,\text{cm}$$

Damit lässt sich das Kugelvolumen berechnen:

$$V_{\text{Kugel}} = \frac{\ldots}{\ldots} \cdot 3{,}14 \cdot (\ldots\ldots \,\text{cm})^3 = \ldots\ldots \,\text{cm}^3$$

D18

Ein Ballon von 13 m Durchmesser wird mit Helium gefüllt.

Berechne auf einem Beiblatt Volumen V und Masse m der Gasfüllung sowie die Oberfläche O des Ballons.

$\left(\text{Dichte von Helium}: \varrho = 0{,}16\,\frac{\text{kg}}{\text{m}^3};\ m = \varrho \cdot V\right)$

Bist du immer noch ein Kamikaze-Flieger ?

Kamikaze-Flieger nannte man die japanischen Piloten, die im Zweiten Weltkrieg ihr Flugzeug gezielt auf gegnerische Schiffe stürzen ließen und dabei umkamen.

Mit Kamikaze-Fliegern verwandt sind die Schüler(innen), die ihr Heft so richtig schön schlampig führen, denn sie schaden sich selbst langfristig. Wer nämlich unvollständig, schwer lesbar oder fehlerhaft mitschreibt, kann für die nächste Stunde oder für eine Prüfung viel schlechter lernen, lernt vielleicht sogar Falsches und verschwendet auf jeden Fall viel Zeit damit, sich in dem Durcheinander zurechtzufinden. Wenn du da noch etwas zu verbessern hast – tu's **jetzt**!

Hier einige Tipps zur cleveren Heftführung:

Übersichtlichkeit erhalten!

- Nicht zu klein schreiben!
- Zwischen Absätzen und nach Überschriften und Text eine Zeile, links und rechts einen Rand freilassen!
- Insgesamt großzügig mit dem Platz umgehen! Wer hier Papier spart, spart am falschen Ende.

Zeichnungen und Skizzen sauber und großzügig gestalten!

- Keine Minizeichnungen anlegen! Oder hast du immer eine Lupe dabei?
- Keine dicken Filzstifte verwenden. Sie lassen die Zeichnungen undeutlich werden!

Farben und Unterstreichungen einsetzen!

- Wichtiges unterstreichen oder markieren!
- Farben einsetzen!
- Benutze aber nicht ständig andere Farben! Viele verschiedene Farben verwirren nur!

Sorgfältig auf Fehlerfreiheit achten!

- Schreibst du z.B. in Mathe falsche Zahlen ab, kommst du später durcheinander und musst viel Zeit und Mühe aufwenden um durchzublicken. Und wenn du einen Fachbegriff falsch abschreibst, wirst du in der Regel bei einer Klassenarbeit Minuspunkte erhalten, selbst wenn du den Begriff richtig anwenden kannst.
Schreibe einen Hefteintrag lieber noch einmal, wenn er zu unübersichtlich oder schlampig ist. Dabei lernst du im Übrigen bereits den Stoff, vorausgesetzt, du denkst mit und machst das Ganze nicht nur während des Fernsehens.

Neben diesen allgemein gültigen Hinweisen gibt es natürlich noch spezielle Regeln von deinen Lehrern bzw. in bestimmten Fächern, auf die du auch achten solltest.

Bist du etwas klüger als die Kamikaze-Flieger? Dann nimm dir doch mal Zeit und prüfe selbstkritisch deine Hefte! Und wenn du etwas verbessern willst – fang *heute* damit an!

Egal, wofür du lernst, denk bitte daran:

Pausen braucht der Mensch

▲ Eigentlich sonnenklar! Komischerweise lernen viele Schüler aber lieber pausen-los, also ohne Pausen, und zwar weil sie die ungeliebte Hausaufgabe möglichst rasch hinter sich haben wollen. Erwachsene halten häufig auch nicht viel von Pausen. Man hat sogar ein schlechtes Gewissen, wenn man Pause macht. Das kennst du wahrscheinlich – oder etwa nicht?!

▲ Das schlechte Gewissen ist unnötig! Wenn man lange arbeitet, müssen Pausen sein. Der Mensch und sein Gehirn sind ja keine Maschine – sie brauchen immer wieder kleine Ruhezeiten. Wenn man sich die Pausen nicht bewusst gönnt und sie genießt, nimmt sich der Körper die Auszeiten selber: in Form geringerer Konzentration und Träumerei.

Auch Pausen muss man planen!

▲ Pausen haben noch einen Vorteil: Wenn ich zu Beginn meiner Arbeit weiß, dass ich nicht „ewig" arbeiten muss, sondern schon in etwa einer halben Stunde die erste Pause stattfindet, kommt mir die Arbeit gleich gar nicht mehr so schlimm vor und wird mir leichter von der Hand gehen.

▲ Du wirst bei dieser Methode eingeplanter Pausen auch feststellen, dass die häufig auftretenden, kurzen (etwa 30 Sekunden dauernden) geistigen „Aussetzer" geringer werden. Sie sind übrigens etwas ganz Normales: Der Körper schaltet eben kurz einmal auf Entspannung um, um Kräfte zu sammeln.

▲ Wer bislang übrigens pausen-los gelernt hat, weil er eine Pause nicht genießen konnte, sollte sich langsam umerziehen und mit nur einer geplanten Pause während der Arbeitszeit beginnen.

Kurze oder lange Pausen?

▲ Für die richtige Zahl und Dauer der Pausen gibt es ein paar Faustregeln. Die angegebenen Pausenzeiten solltest du weder sonderlich verkürzen noch verlängern. Machst du nämlich zu kurze Pausen, kannst du dich nicht erholen. Bei zu langen Pausen besteht die Gefahr, nicht mehr in die Arbeitsstimmung zurückzufinden.

Alle 30-45 Minuten: 5 Minuten Pause

Alle 90-120 Minuten: 20 Minuten Pause

Bei noch längeren Arbeitszeiten: nach spätestens 3 Stunden 1 Stunde Pause

▲ In den Pausen solltest du es dir gut gehen lassen. Unternimm aber nichts, wofür du dich geistig anstrengen oder besonders konzentrieren musst (z.B. Lesen, „Computern", Fernsehen). Besser ist es, etwas **zu tun**, Musik zu hören, den Hund Gassi zu führen, mit jemandem ein kleines Schwätzchen zu halten oder ... oder ... oder ...

▲ Wie wirksam Pausen sind, ist übrigens in wissenschaftlichen Untersuchungen nachgewiesen worden. Mit Pausen gab's nur halb so viele Fehler!

Mathematische Zeichen und Abkürzungen

$\mathbb{N}$	Menge der natürlichen Zahlen $\mathbb{N} = \{1; 2; 3; 4; \ldots\}$
$\mathbb{N}_0$	Menge der natürlichen Zahlen einschließlich der Null $\mathbb{N}_0 = \{0; 1; 2; 3; 4; \ldots\}$
$\mathbb{Z}$	Menge der ganzen Zahlen $\mathbb{Z} = \{\ldots -3; -2; -1; 0; 1; 2; 3; \ldots\}$
$\mathbb{Q}$	Menge der rationalen Zahlen (Zur Menge der ganzen Zahlen kommen noch die Brüche hinzu.)
$\mathbb{Q}^+$	Menge der positiven rationalen Zahlen
$\mathbb{Q}^-$	Menge der negativen rationalen Zahlen
$\mathbb{R}$	Menge der reellen Zahlen (Zur Menge der rationalen Zahlen kommen noch die irrationalen Zahlen, z. B. $\sqrt{2}$; π ..., hinzu.)
$\{\}$ oder $\emptyset$	leere Menge
$\{a; b; c\}$	Menge mit den Elementen a, b und c
$\{x \mid \ldots\}$	Menge aller x, für die gilt ... bzw. Menge aller x mit der Eigenschaft ...
$\mathbb{G}$	Grundmenge
$\mathbb{D}$	Definitionsmenge
$\mathbb{L}$	Lösungsmenge
$\setminus$	ohne; z. B.: $A \setminus B$ Menge A **ohne** Menge B
$\in$	... Element von ...
$\notin$	... nicht Element von ...
$\subseteq$	... Teilmenge von ...
$\subset$	... echte Teilmenge von ...
$\cup$	... vereinigt mit ...
$\cap$	... geschnitten mit ...
$\vee$	... oder auch ...
$\wedge$	... und zugleich ...
$\neg$	nicht ... bzw. Verneinung
$=$	... gleich ...
$\neq$	... nicht gleich ...
$\hat{=}$	entspricht

$>$	... größer als ...
$\geqq$	... größer oder gleich ...
$<$	... kleiner als ...
$\leqq$	... kleiner oder gleich ...
$\approx$	... ungefähr gleich ...
$\sim$	... direkt proportional ... bzw. ... ähnlich zu ...
$\Rightarrow$	aus ... folgt bzw. wenn ... dann ...
$\Leftrightarrow$	... äquivalent ... bzw. ... genau dann, wenn ...
$\lvert a \rvert$	(absoluter) Betrag von a
$\sqrt{a}$	Wurzel aus a
$f, g, h \ldots$	Funktionen
$f^*; f^{-1}$	Umkehrfunktion
$P, A, B, \ldots$	Punkte
$P(x \mid y)$	Punkt P mit den Koordinaten x und y
$g, h, \ldots$	Geraden
PQ	Gerade durch P und Q
$[PQ$	Halbgerade durch Q mit dem Anfangspunkt P
$[PQ]$	Strecke mit den Endpunkten P und Q
$\overline{PQ}$	Länge der Strecke $[PQ]$
$k(M; r)$	Kreislinie mit dem Mittelpunkt M und dem Radius r
$\sphericalangle PQR$	Winkel mit dem Scheitel Q und dem ersten Schenkel $[QP$ und dem zweiten Schenkel $[QR$ bzw. Maß dieses Winkels bzw. Größe dieses Winkels
$\alpha, \beta, \gamma, \varphi, \psi, \omega \ldots$	Maße von Winkeln
$\perp$	... senkrecht auf ... bzw. ... orthogonal zu ... bzw. ...rechtwinklig zu ...
$\parallel$	...parallel zu ...
$\cong$	...kongruent zu ...

$\overrightarrow{PQ}$	Vektor mit Anfangspunkt P und Endpunkt Q
$\vec{a}$	Vektor
$\lvert\vec{a}\rvert$ oder a	Länge des Vektors $\vec{a}$
$\begin{pmatrix} a \\ b \end{pmatrix}$	Vektor mit den Komponenten a und b bzw. den Koordinaten a und b
$\vec{a} + \vec{b}$ bzw. $\vec{a} \oplus \vec{b}$	Vektoraddition
$\vec{a} \circ \vec{b}$ bzw. $\vec{a} \cdot \vec{b}$	Vektormultiplikation (Skalarprodukt)
$\xmapsto{a}$	… wird durch eine Achsenspiegelung an der Achse a abgebildet auf …
$\xmapsto{Z}$	… wird durch eine Punktspiegelung am Punkt Z abgebildet auf …
$\xmapsto{D;\, \varphi}$	… wird durch eine Drehung um den Punkt D mit dem Drehwinkel φ abgebildet auf …
$\xmapsto{\vec{a}}$	… wird durch die Verschiebung um den Vektor $\vec{a}$ abgebildet auf …
$\widehat{S_1S_2}$	Kreisbogen von S_1 nach S_2 (gegen den Uhrzeigersinn)

⦜	rechter Winkel bzw. Winkel mit 90°
$d(P; g) = 2\text{ cm}$	Abstand des Punktes P von der Geraden g gleich zwei Zentimeter
$\sphericalangle\,(g; h)$	Winkel mit dem ersten Schenkel g und dem zweiten Schenkel h
w_α	Winkelhalbierende des Winkels α
h_c	Höhe auf die Seite c
m_c	Mittelsenkrechte der Seite c
$\triangle ABC$	Dreieck mit den Eckpunkten A, B und C
$\mathbb{E}$	Ebene
q	Abbildungsmaßstab
ω	Abbildungswinkel
V	Volumen bzw. Rauminhalt
A	Flächeninhalt
E	Ereignis
m	Mittelwert
Ω	Ergebnisraum
$\bar{E}$	Gegenereignis
$P(E)$	Wahrscheinlichkeit von E
$\lvert E\rvert$	Mächtigkeit von E
σ	Streuung bzw. Standardabweichung
$E(x)$, μ	Erwartungswert von x
$mA(x)$	mittlere Abweichung von x
$Var(x)$	Varianz von x

Stichwortverzeichnis

A

B

C

D

E

F

G

H

I

K

Zeichnungsvorlagen A 1, A 2, A 3

hier Pappe unterlegen, mit Messer anritzen und heraustrennen (aus technischen Gründen nicht perforiert)

A 1 $\triangle ABC \xmapsto{Z;\, k=3} \triangle A_1B_1C_1$

A 2 $\triangle ABC \xmapsto{Z;\, k=0{,}5} \triangle A_2B_2C_2$

A 3 $\triangle ABC \xmapsto{Z;\, k=-2} \triangle A_3B_3C_3$

2
Figur

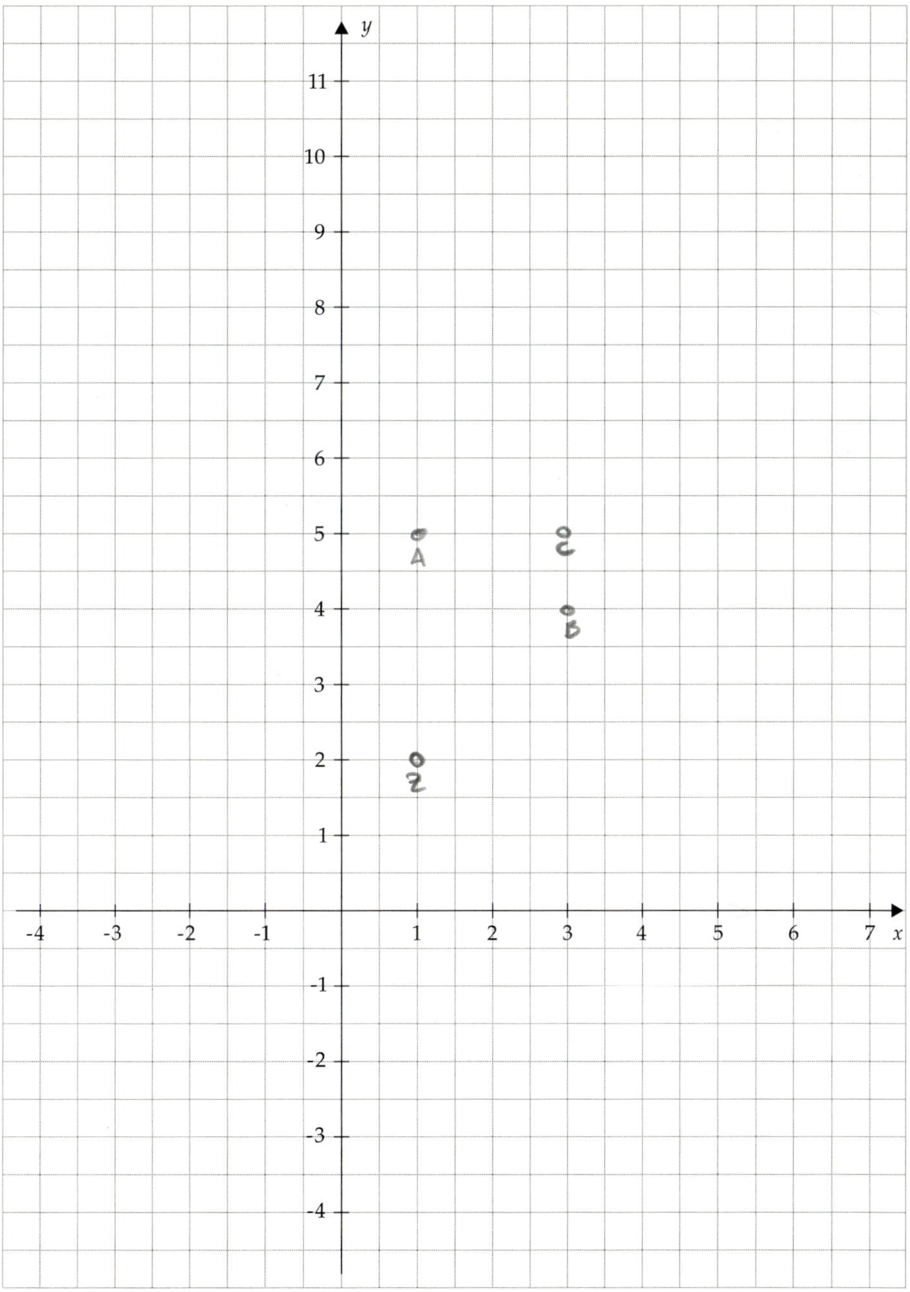

Zeichnungsvorlagen A4, A5

A4

5 Figur

A5

6 Figur

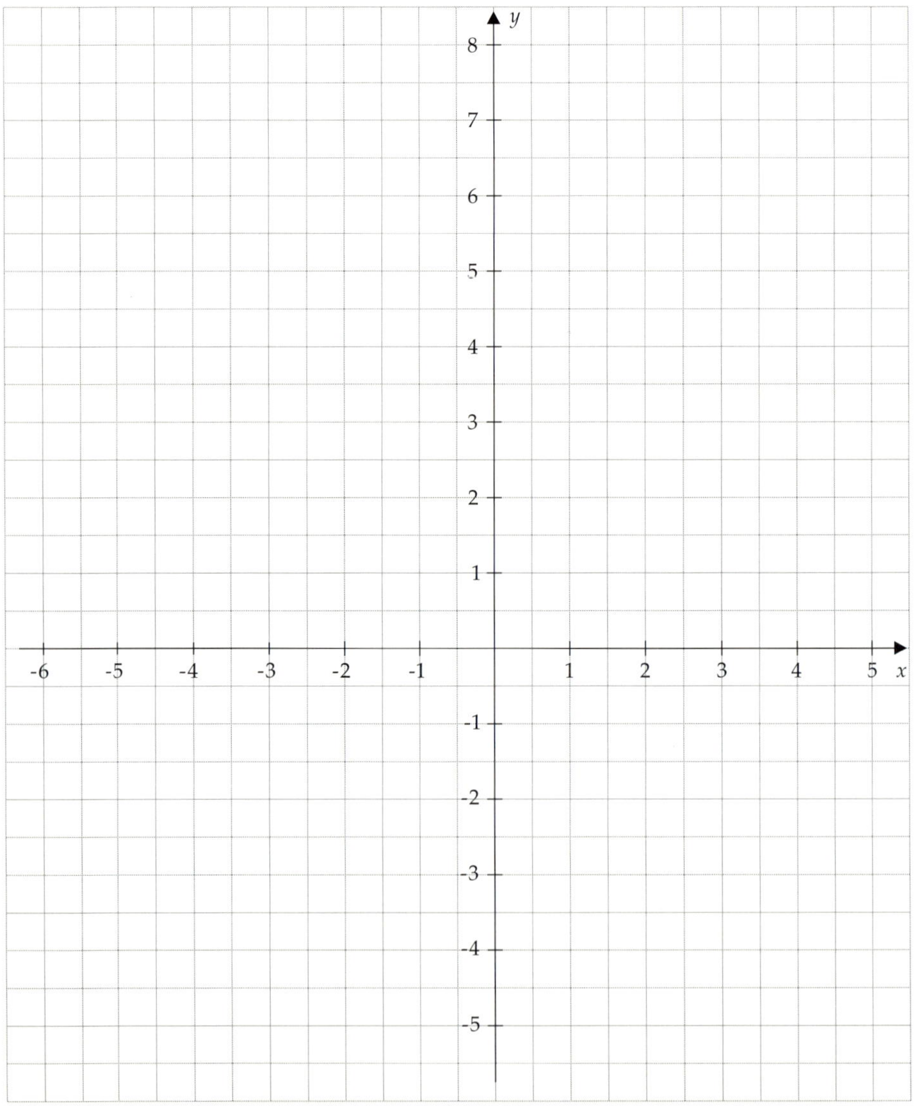

hier Pappe unterlegen, mit Messer anritzen und heraustrennen (aus technischen Gründen nicht perforiert)

A6

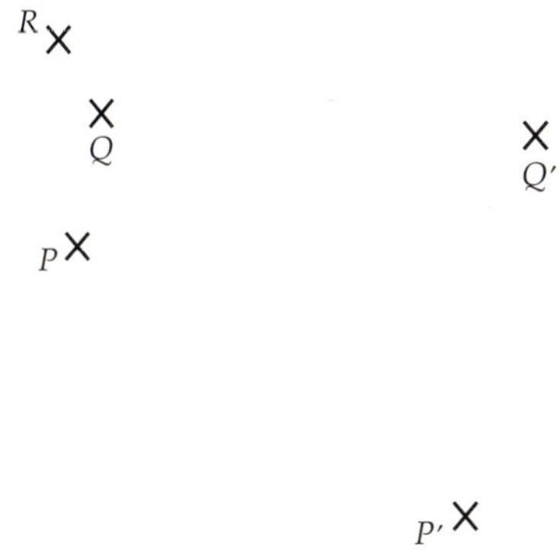

7 Figur

Beispiel

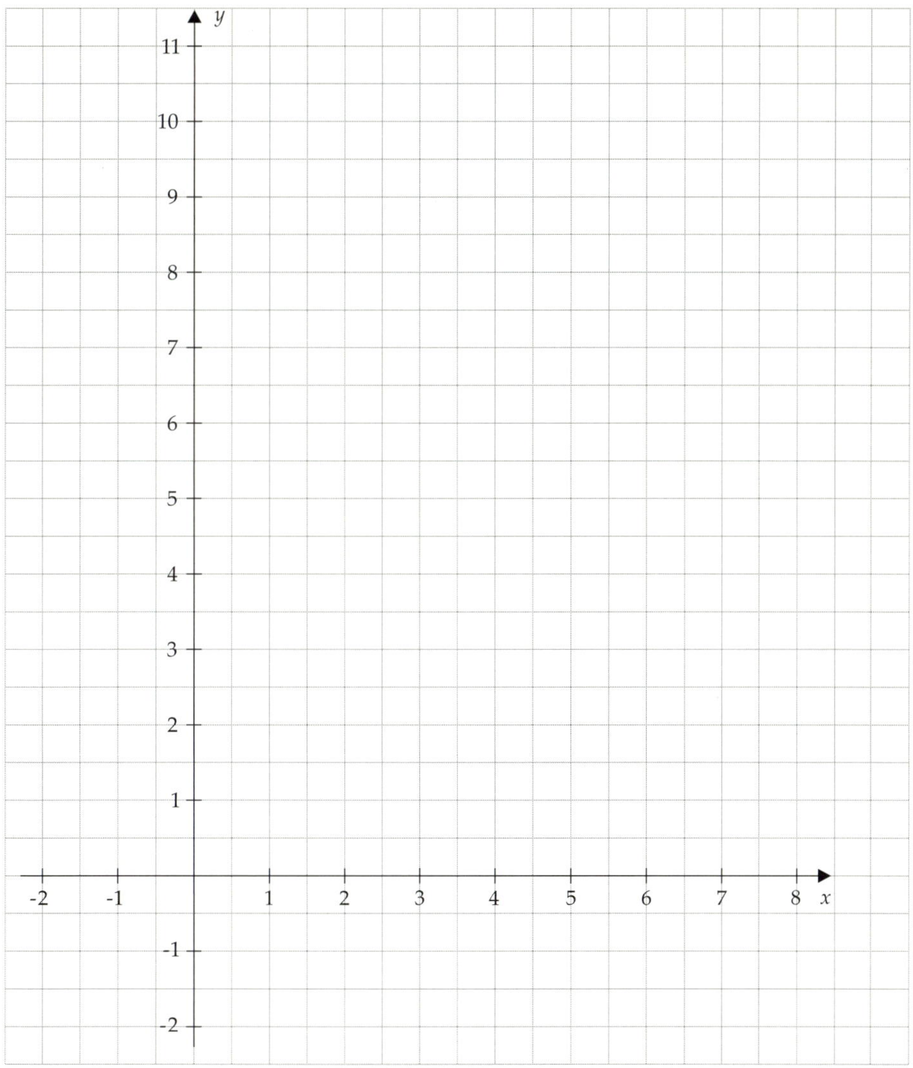

8 Figur

Zeichnungsvorlagen S. 16, S. 26, A9, A10

Beispiel

$\triangle ABC \xrightarrow{Z;\, k=-1} \triangle A'B'C'$

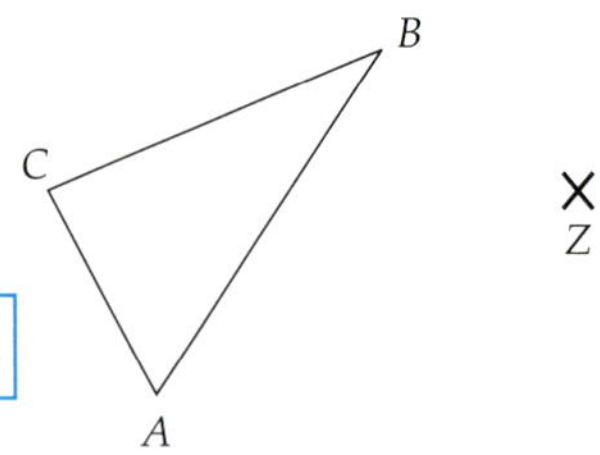

9
Figur

14
Figur

Beispiel

Teile die Strecke $[ZA_3]$ in drei gleiche Teile.

A9 Teile die Strecke $[ZA_5]$ in fünf gleich lange Abschnitte.

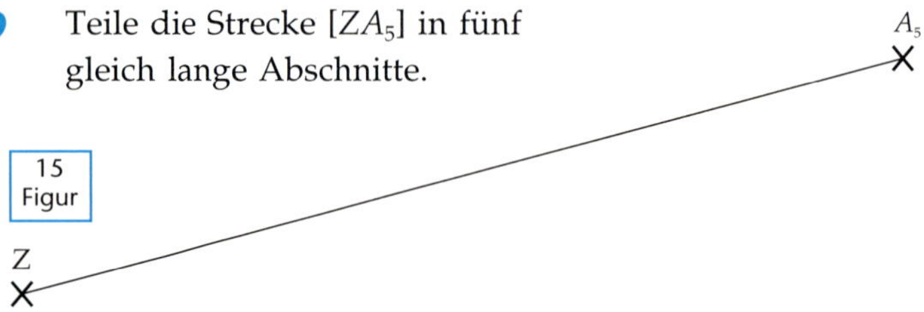

15
Figur

A10 $P\,(1\,|\,1)$; $Q\,(6\,|\,5)$

Teile die Strecke $[PQ]$ in sieben gleiche Abschnitte.

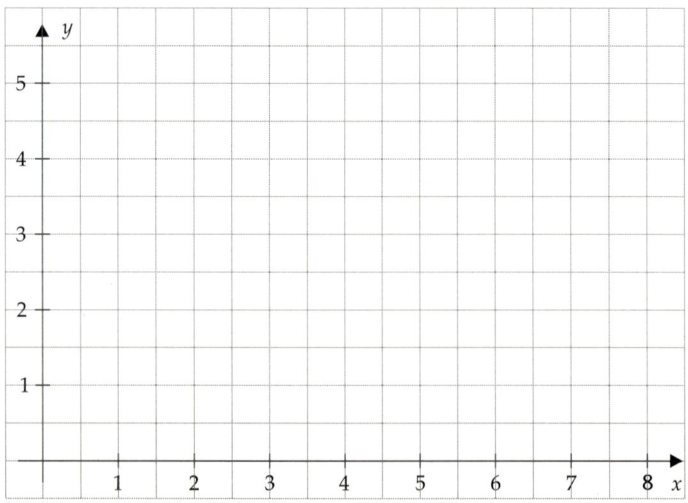

16
Figur

Beispiel 1 Konstruiere den äußeren Teilpunkt T_a.

18 Figur

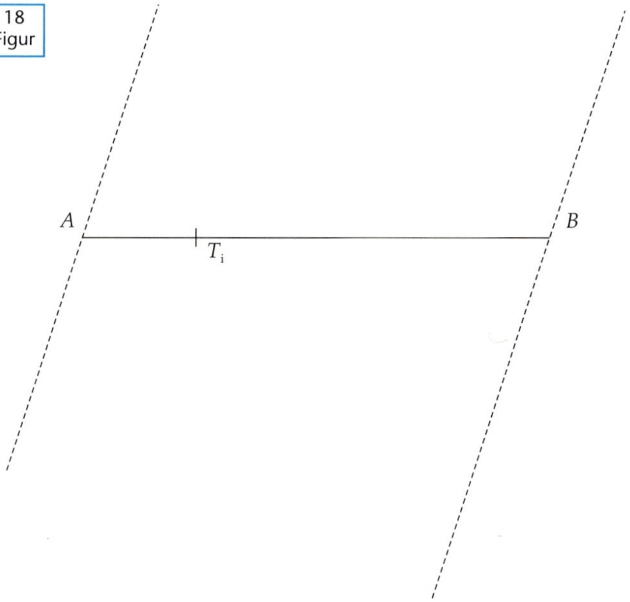

an der Perforation abtrennen

A11 Konstruiere den inneren Teilpunkt T_i der Strecke [AB].

19 Figur

Zeichnungsvorlagen S. 32, A13, S. 41

Konstruiere die inneren und äußeren Tangenten an die beiden Kreise $k_1\,(M_1;\,r_1)$ und $k_2\,(M_2;\,r_2)$.

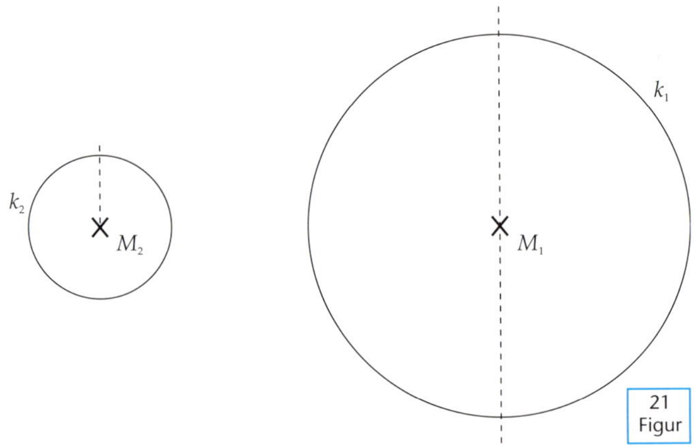

21 Figur

A13

a)

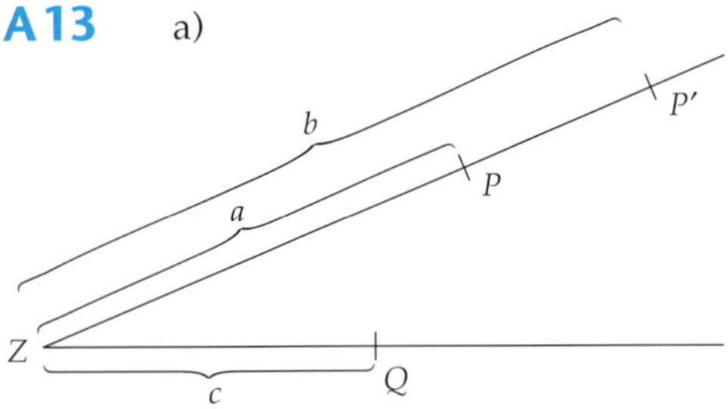

26 Figur

b)

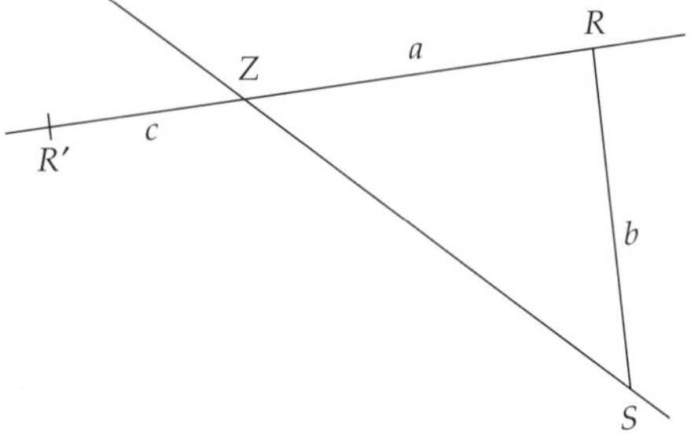

27 Figur

Flurbereinigung

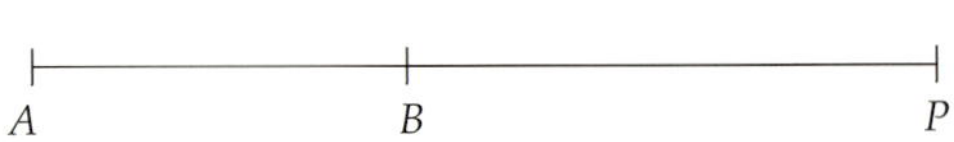

37 Figur

Beschreibe $\triangle ABC$ dem $\triangle PQR$ ein.

$AB \parallel QR$

$\overline{AC} : \overline{BC} = 2 : 1$

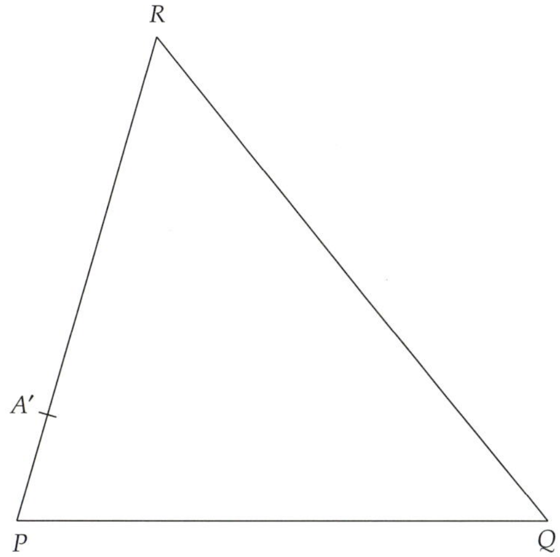

40
Figur

A20

41
Figur

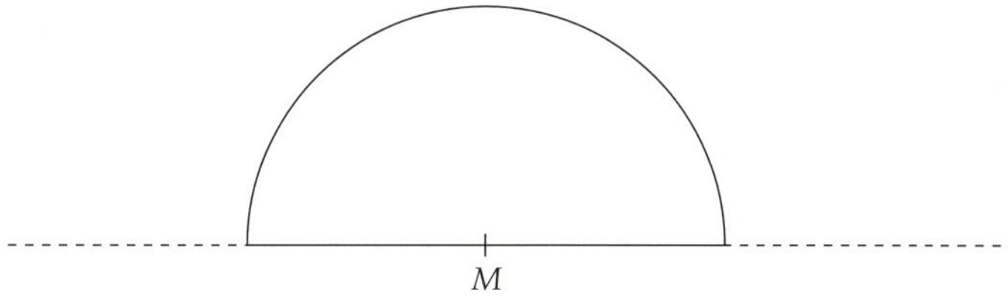

A21

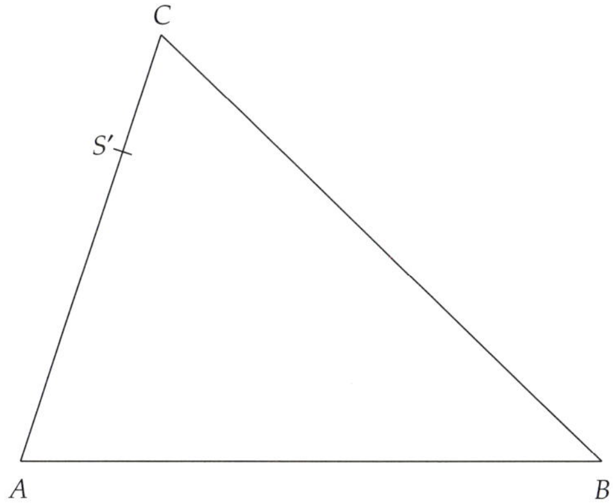

42
Figur

Zeichnungsvorlagen S. 45, A 22

Konstruiere ein $\triangle ABC$ mit dem Umfang $u = 8\,\text{cm}$ und den Streckenverhältnissen $a : b = 9 : 8$ und $b : c = 4 : 3$.

46
Figur

A 22 a)

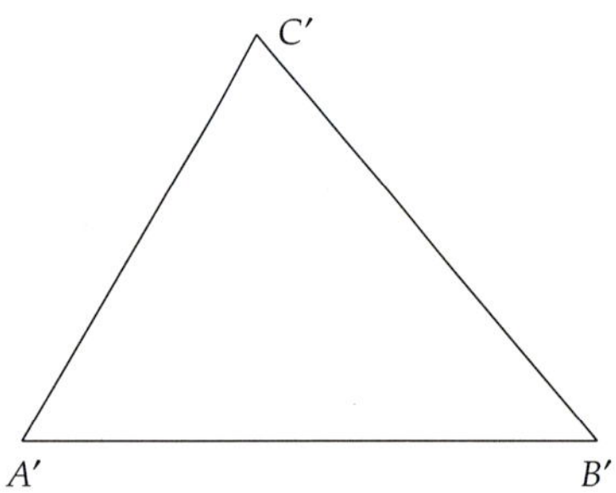

47 a
Figur

b)

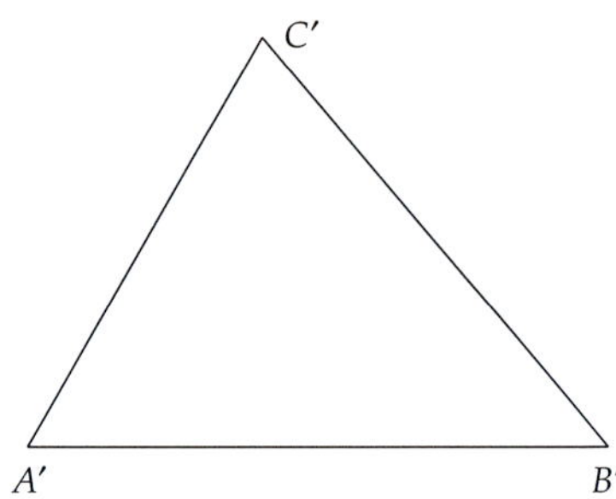

47 b
Figur

c)

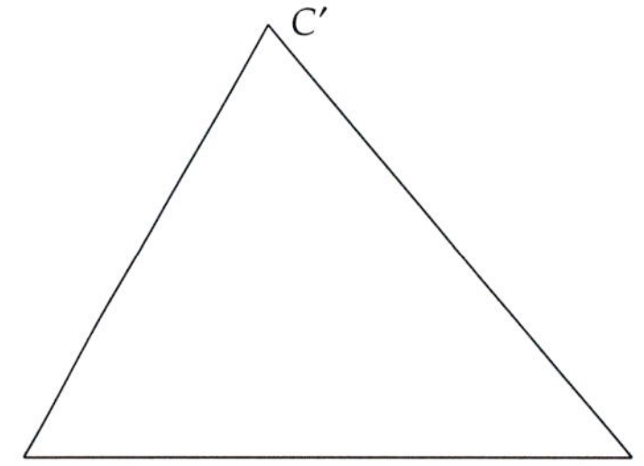

47 c
Figur

Zeichnungsvorlagen S. 48, B 1, S. 51, B 3

Verwandle ein Rechteck mit $x = 60$ m und $y = 35$ m in ein flächengleiches Quadrat.

52 Figur

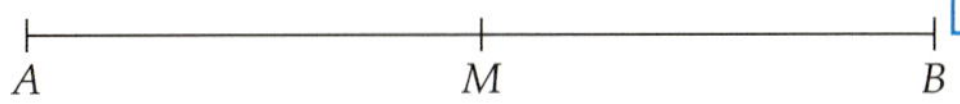

B 1

53 Figur

56 Figur

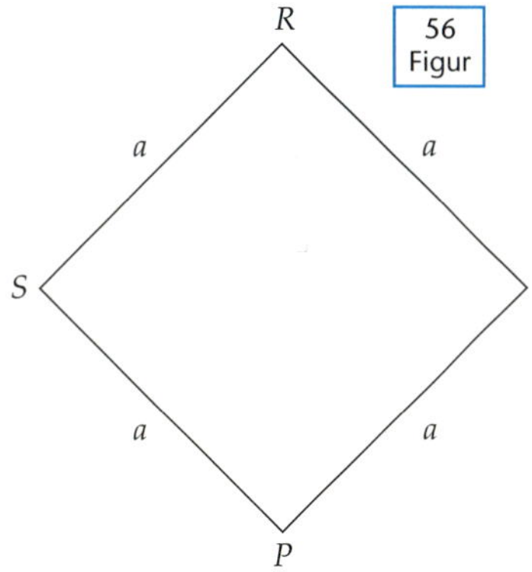

Beispiel

Konstruiere ein Quadrat mit der doppelten Fläche des Quadrats *PQRS*.

B 3

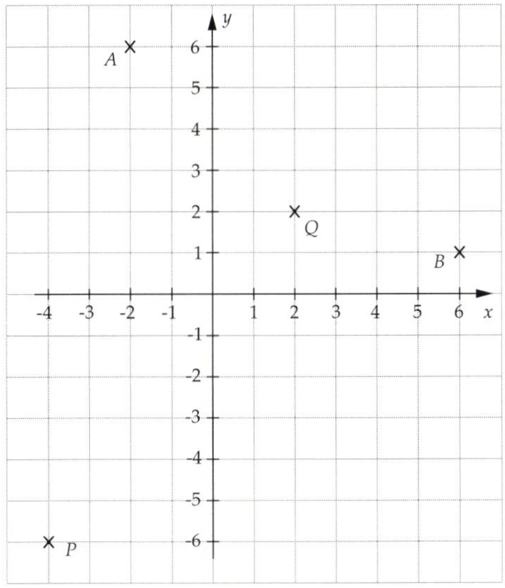

59 Figur

an der Perforation abtrennen

B4

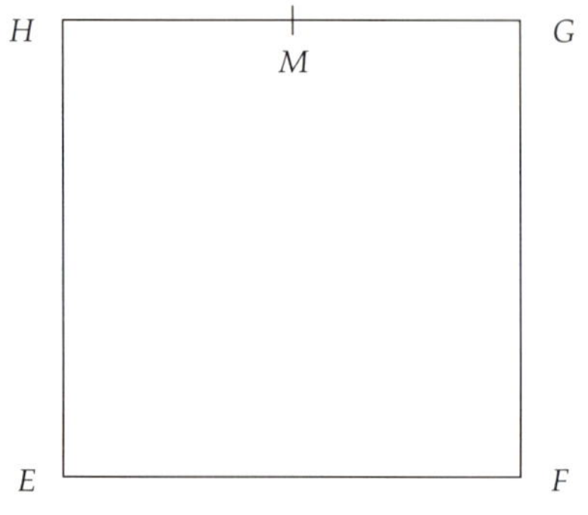

60 Figur

B17

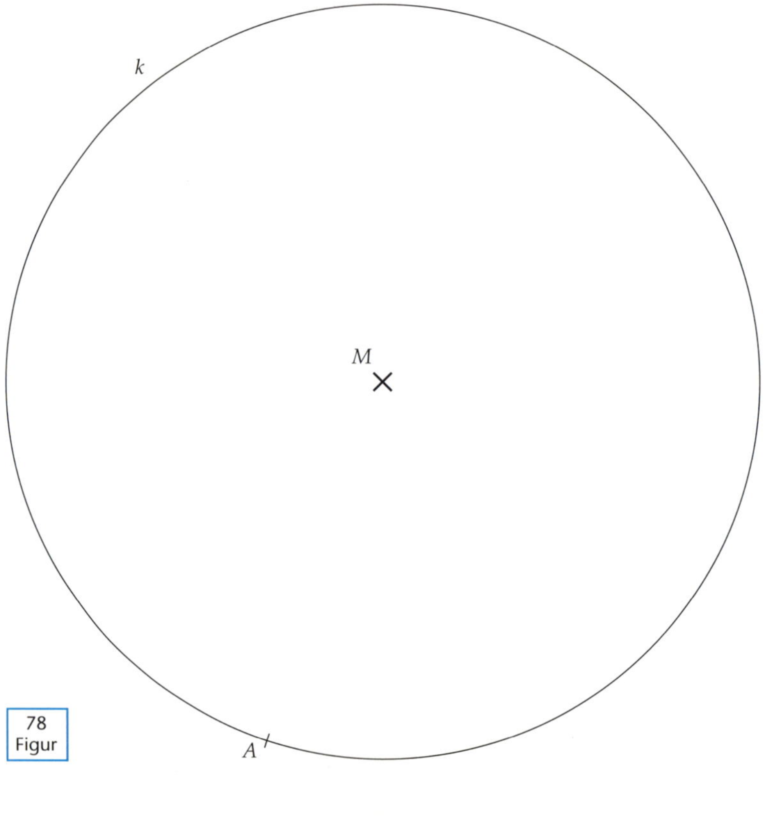

78 Figur

mentor Lernhilfe

Mathematik

9./10. Klasse

Geometrie 1:
Zentrische Streckung, Satz des Pythagoras, Kreis- und Körperberechnungen

Rolf Baumann

Lösungsteil
(an der Perforation heraustrennen)

Nach dem Heraustrennen bitte hier klammern

mentor
Eine Klasse besser.

$P \xmapsto{a} P'$; lies: Punkt P wird auf Punkt P' abgebildet durch eine (Achsen-)Spiegelung an der Geraden (Achse) a. **S. 7**

$P \xmapsto{Z} P'$; lies: Punkt P wird auf Punkt P' abgebildet durch eine (Punkt-)Spiegelung am Punkt (Zentrum) Z.

$P \xmapsto{D;\,\varphi} P'$; lies: Punkt P wird auf Punkt P' abgebildet durch eine Drehung um den Drehpunkt D und mit dem (Dreh-)Winkel φ.

A

- Alle Strecken und ihre zugehörigen Bildstrecken sind gleich lang.
- Alle Winkel und ihre zugehörigen Bildwinkel sind gleich groß.

Deshalb ist auch jede Figur kongruent zu ihrer Bildfigur.

- In beiden Beispielen werden zwar die Längen verändert, aber die Winkel bleiben erhalten. **S. 8**

S. 10

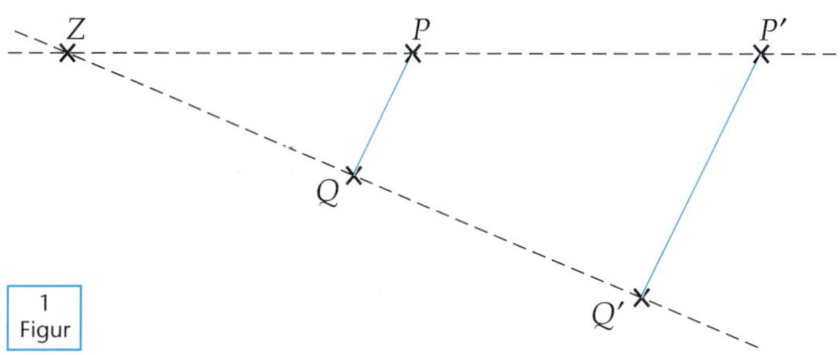

1 Figur

- Bildstrecke $[P'Q']$ und Urbildstrecke $[PQ]$ verlaufen parallel zueinander.
- Die Bildstrecke $\overline{P'Q'}$ ist doppelt so lang wie die Urbildstrecke $\overline{PQ}$; kurz: $\overline{P'Q'} = k \cdot \overline{PQ}$

Die zugehörige Figur 2 findest du auf der nächsten Seite. **A 1, A 2**

Beispiel
S. 11

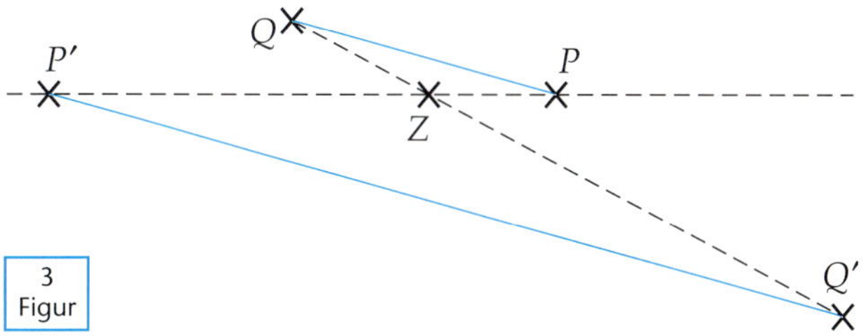

3 Figur

A1, A2
S. 10/11

A3
S. 12

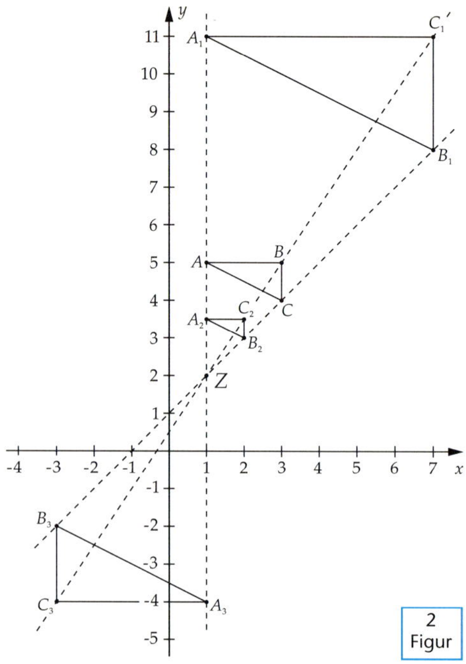

2
Figur

S. 11 Figur 3 steht schon auf der Seite davor.

S. 11/12

- Stich mit dem Zirkel in Z ein, greife die Länge der Strecke $\overline{ZQ}$ ab und trage diese Länge nach der anderen Seite dreimal auf der Geraden ZQ an.

- Bildstrecke $[P'Q']$ und Urbildstrecke $[PQ]$ verlaufen parallel zueinander.
- Die Bildstrecke $\overline{P'Q'}$ ist dreimal so lang wie die Urbildstrecke $\overline{PQ}$.

A3 Siehe Figur 2.

Merke

- Bildstrecke und Urbildstrecke verlaufen parallel zueinander.
- Jeder Winkel des Urbildes wird in einen kongruenten (gleich großen) Winkel abgebildet.

$$\frac{a}{b} = \frac{1\text{ cm}}{2\text{ cm}} = \frac{1}{2} \qquad \frac{a_1}{b_1} = \frac{3\text{ cm}}{6\text{ cm}} = \frac{1}{2} \qquad \frac{a_2}{b_2} = \frac{0{,}5\text{ cm}}{1\text{ cm}} = \frac{1}{2} \qquad \frac{a_3}{b_3} = \frac{2\text{ cm}}{4\text{ cm}} = \frac{1}{2}$$

S. 13 Die Längen entsprechender Strecken stehen beim Urbild und bei den Bildfiguren jeweils im gleichen Verhältnis.

- Bei der zentrischen Streckung ist der Umlaufsinn bei der Urfigur und den Bildfiguren gleich. S. 13

Urfläche: $\frac{a \cdot b}{2} = \frac{1\,\text{cm} \cdot 2\,\text{cm}}{2} = 1\,\text{cm}^2$

Fläche bei $k = 3$: $\frac{a_1 \cdot b_1}{2} = \frac{3\,\text{cm} \cdot 6\,\text{cm}}{2} = 9\,\text{cm}^2$

Fläche bei $k = \frac{1}{2}$: $\frac{a_2 \cdot b_2}{2} = \frac{0{,}5\,\text{cm} \cdot 1\,\text{cm}}{2} = \frac{1}{4}\,\text{cm}^2$

Fläche bei $k = -2$: $\frac{a_3 \cdot b_3}{2} = \frac{2\,\text{cm} \cdot 4\,\text{cm}}{2} = 4\,\text{cm}^2$

Um den Flächeninhalt der Bildfigur zu erhalten, muss der Flächeninhalt der Urfigur mit k^2 multipliziert werden.

S. 14

4 Figur

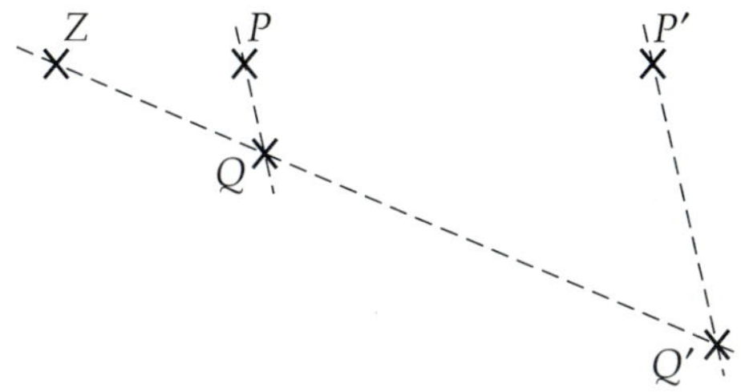

1. Q' liegt auf der Geraden ZQ.
2. Da jede Bildstrecke parallel zur Urstrecke verläuft, liegt Q' auf der Parallelen zu PQ durch den Punkt P'.

A4 S. 14

a)

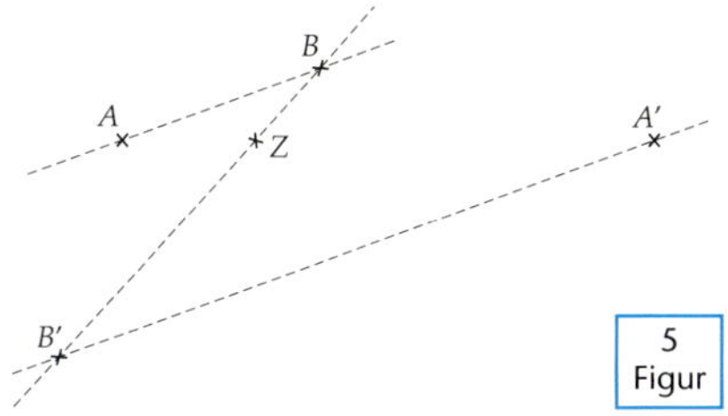

5 Figur

b) $k < 0$

A5 S. 14

a) Figur 6: nächste Seite

b) $k = \frac{1}{3}$

c) Mit $c = 9\,\text{cm}$ und $h_c = 6\,\text{cm}$ gilt:

$$\text{Fläche}_{\triangle ABC} = \frac{c \cdot h_c}{2} = \frac{9\,\text{cm} \cdot 6\,\text{cm}}{2} = 27\,\text{cm}^2$$

d) $\text{Fläche}_{\triangle A'B'C'} = \left(\frac{1}{3}\right)^2 \cdot \text{Fläche}_{\triangle ABC} = \frac{1}{9} \cdot 27\,\text{cm}^2 = 3\,\text{cm}^2$ S. 15

A

A5 a)
S. 14
Fortsetzung

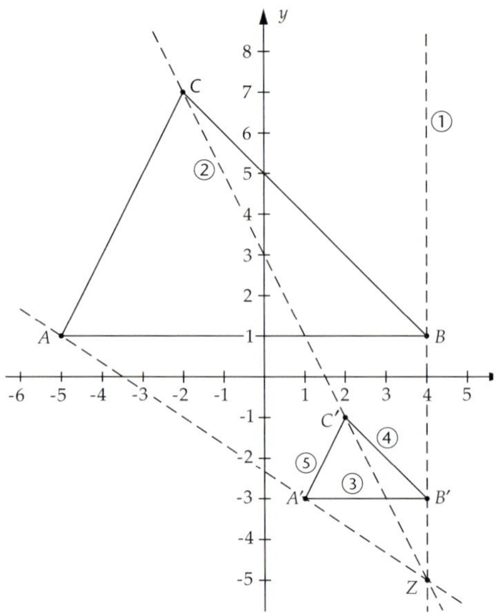

① $B' \in ZB$
② $C' \in ZC$
③ $A'B' \parallel AB$
④ $B'C' \parallel BC$
⑤ $A'C' \parallel AC$

6 Figur

S. 15 e) $\text{Fläche}_{\triangle A'B'C'} = \dfrac{c' \cdot h_{c'}}{2} = \dfrac{3\,\text{cm} \cdot 2\,\text{cm}}{2} = 3\,\text{cm}^2$

A6 Hinweis:
S. 15 Die Geraden PP' und QQ' schneiden sich im Zentrum Z.

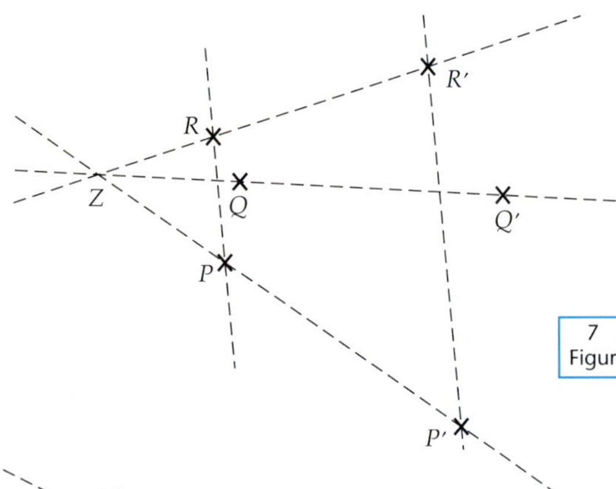

7 Figur

Beispiel

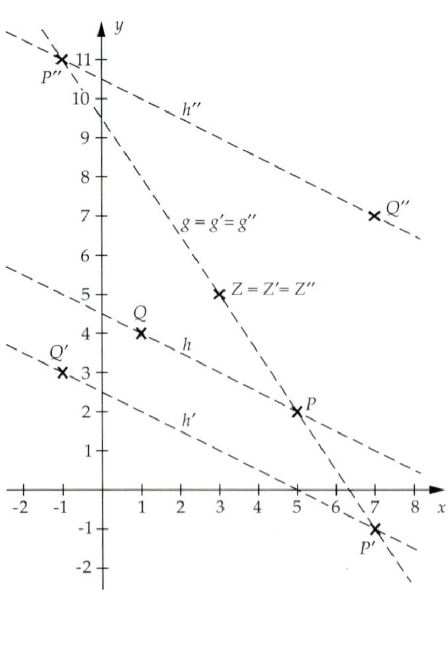

8 Figur

- Es gibt keine Fixpunktgeraden. **S. 16**
- Alle Geraden durch das Zentrum sind Fixgeraden.

Sonderfälle

- Für den Streckungsfaktor $k = 1$ wird jeder Punkt auf sich selbst abgebildet.
- Für den Streckungsfaktor $k = -1$ ergibt sich eine Abbildung, die du bereits früher unter dem Namen Punktspiegelung bzw. Drehung um 180° kennen gelernt hast.

Beispiel

a)

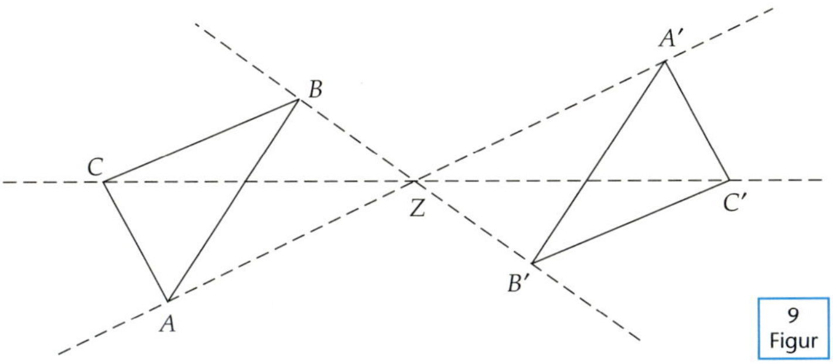

9 Figur

b) Bei dieser zentrischen Streckung sind Urstrecke und Bildstrecke jeweils gleich lang; daher ist diese Abbildung eine Kongruenzabbildung.

S. 17

	$A > A'$	$A < A'$	$A = A'$	$P - Z - P'$	$Z - P - P'$	$Z - P' - P$
$k > 1$		×			×	
$k = 1$			×			
$0 < k < 1$	×					×
$-1 < k < 0$	×			×		
$k = -1$			×	×		
$k < -1$		×		×		

Beispiel

a), c), e) Zur Figur 10 bitte umblättern.

b) $a = 2\text{ cm}$, $b = 1\text{ cm}$; $\text{Fläche}_{\triangle ABC} = 1\text{ cm}^2$

d) $a' = 4\text{ cm}$, $b' = 2\text{ cm}$; $\text{Fläche}_{\triangle A'B'C'} = 4\text{ cm}^2$

f) $a'' = 12\text{ cm}$, $b'' = 6\text{ cm}$; $\text{Fläche}_{\triangle A''B''C''} = 36\text{ cm}^2$

S. 18

g) $a'' = 3 \cdot a' = 3 \cdot 2 \cdot a = 6 \cdot 2\text{ cm} = 12\text{ cm}$
$b'' = 3 \cdot b' = 3 \cdot 2 \cdot b = 6 \cdot 1\text{ cm} = 6\text{ cm}$

Beispiel a), c), e)
S. 17
Fortsetzung

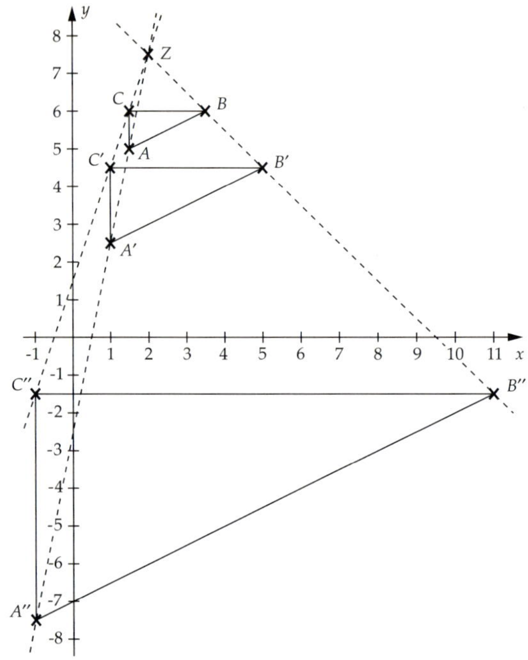

b), d), f), g)
siehe Vorseite

10
Figur

S. 18 h) $\text{Fläche}_{\triangle ABC} = 1\ \text{cm}^2$

$\text{Fläche}_{\triangle A'B'C'} = 4\ \text{cm}^2 = 4 \cdot \text{Fläche}_{\triangle ABC}$

$\text{Fläche}_{\triangle A''B''C''} = 36\ \text{cm}^2 = 9 \cdot \text{Fläche}_{\triangle A'B'C'} = 9 \cdot 4 \cdot \text{Fläche}_{\triangle ABC}$

Merke

- Die Verkettung … ist wieder eine zentrische Streckung mit dem Zentrum Z.
- Der Streckungsfaktor der Verkettung … ergibt sich als Produkt von k_1 und k_2.

A7 a), b), c) Figur 11 steht oben auf der nächsten Seite.
S. 18
d) $\text{Fläche}_{\triangle ABC} = 6\ \text{cm}^2$

S. 19 e) $\text{Fläche}_{\triangle A''B''C''} = 24\ \text{cm}^2$

f) $\text{Fläche}_{\triangle A''B''C''} = k_1^2 \cdot k_2^2 \cdot \text{Fläche}_{\triangle ABC} = \underbrace{(0{,}5)^2 \cdot (-4)^2}_{} \cdot 6\ \text{cm}^2 =$

$= \quad 4 \quad \cdot 6\ \text{cm}^2 = 24\ \text{cm}^2$

… als Verkettung einer zentrische Streckung mit dem Faktor $k_1 = |k|$ und einer Streckung mit dem Faktor $k_2 = -1$ bzw. als Verkettung einer zentrischen Streckung mit $k_1 = |k|$ und einer Punktspiegelung an Z.

Für $k < 0$ gilt: $k = |k| \cdot (-1)$

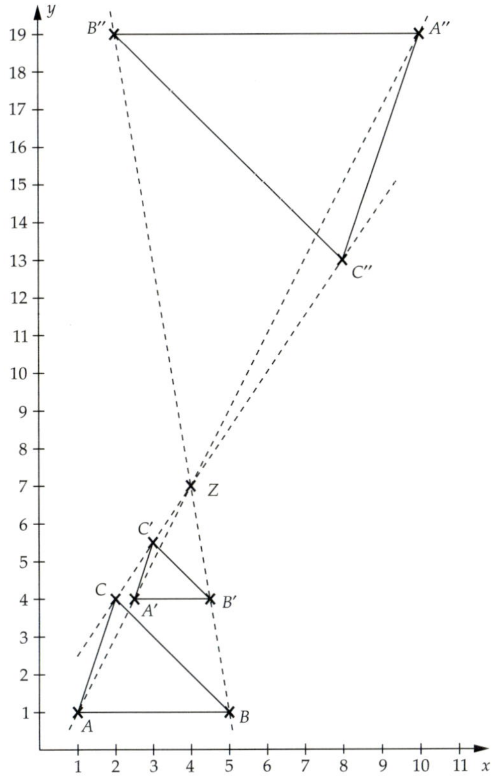

11 Figur

$$P \xrightarrow{Z;\,k_1=3} P' \xrightarrow{Z;\,k_2=\frac{1}{3}} P'' = P$$ S. 19

- Bildpunkt P' liegt also weiter entfernt von Z als der Urpunkt P.
- Der zweite Bildpunkt P'' liegt also näher bei Z als der erste Bildpunkt P'. Da sich die beiden Streckungen „aufheben", weil das Produkt der beiden Streckungsfaktoren 1 ergibt, liegt der Punkt P'' genau auf dem Punkt P. S. 20

Damit gilt: $P'' = P$

Wenn eine Strecke zunächst verdreifacht wird und anschließend auf ein Drittel verkürzt wird, hat sie die gleiche Länge wie zu Beginn.

…, sind k_1 und k_2 Kehrwerte zueinander, so ergibt sich als Gesamtabbildung die Identität.

A8 S. 20

a) Für $k_1 = 2$ gilt $k_2 = \frac{1}{2}$.

b) Für $k_1 = -\frac{1}{4}$ gilt $k_2 = -4$.

c) Für $k_1 = \frac{2}{3}$ gilt $k_2 = \frac{3}{2}$.

A

A8
S. 20
Fortsetzung

d) Für $k_1 = -1{,}25 = -\frac{5}{4}$ gilt $k_2 = -\frac{4}{5} = -0{,}8$,

denn $(-1{,}25) \cdot (-0{,}8) = 1$.

S. 21

Kongruenzabbildungen:

- Jede Strecke und ihre zugehörige Bildstrecke sind gleich lang.
- Jeder Winkel und sein zugehöriger Bildwinkel sind gleich groß.

Ähnlichkeitsabbildungen:

- Jeder Winkel und sein Bildwinkel sind gleich groß.
- Die Längen von je zwei Bildstrecken stehen im gleichen Verhältnis wie die Längen ihrer Urstrecken.

A

Ähnlichkeitssätze

In ähnlichen Figuren sind die entsprechenden Winkel gleich groß.

In ähnlichen Figuren stehen die Längen von je zwei entsprechenden Strecken im gleichen Verhältnis.

S. 22

Figur 13a $\begin{cases} P \xmapsto{Z;\, k_2 < 0} P' \\ Q \xmapsto{Z;\, k_2 < 0} Q' \end{cases}$

S. 24

Winkel in Figur 12b:

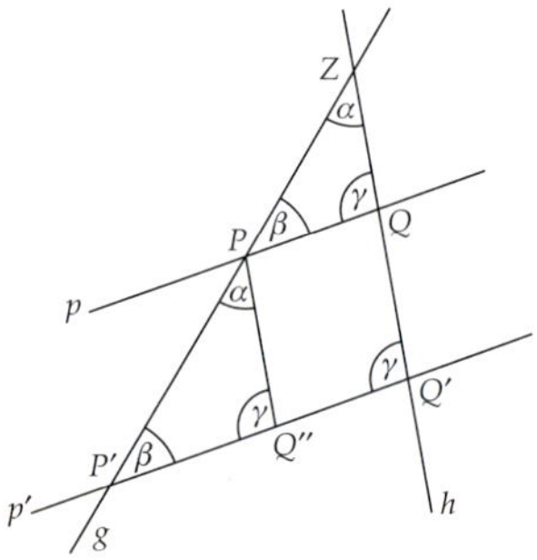

12b Figur

Behauptung 2

$$\frac{\overline{ZP}}{\overline{ZQ}} = \frac{\overline{PP'}}{\overline{PQ''}} \Rightarrow \overline{ZP} = \frac{\overline{PP'} \cdot \overline{ZQ}}{\overline{PQ''}} \Rightarrow \frac{\overline{ZP}}{\overline{PP'}} = \frac{\overline{ZQ}}{\overline{PQ''}}$$

… die beiden Strecken sind im Parallelogramm zwei gegenüberliegende Seiten und damit gleich lang.

Damit gilt: $\frac{\overline{ZP}}{\overline{PP'}} = \frac{\overline{ZQ}}{\overline{QQ'}}$

Behauptung 3

$$\frac{\overline{ZP'}}{\overline{ZQ'}} = \frac{\overline{PP'}}{\overline{PQ''}} \Rightarrow \overline{ZP'} = \frac{\overline{PP'} \cdot \overline{ZQ'}}{\overline{PQ''}} \Rightarrow \frac{\overline{ZP'}}{\overline{PP'}} = \frac{\overline{ZQ'}}{\overline{PQ''}}$$

S. 25

Damit gilt: $\frac{\overline{ZP'}}{\overline{PP'}} = \frac{\overline{ZQ'}}{\overline{QQ'}}$

Behauptung 1
S. 25/26

$$\frac{\overline{ZP}}{\overline{PQ}} = \frac{\overline{ZP'}}{\overline{P'Q'}} \Rightarrow \overline{ZP} = \frac{\overline{ZP'} \cdot \overline{PQ}}{\overline{P'Q'}} \Rightarrow \frac{\overline{ZP}}{\overline{ZP'}} = \frac{\overline{PQ}}{\overline{P'Q'}}$$

Beispiel
S. 26/27

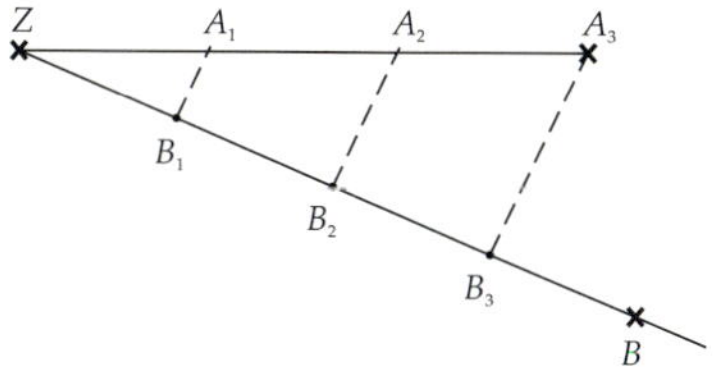

14 Figur

$$\overline{ZA_1} = \overline{A_1A_2} = \overline{A_2A_3}$$

A9
S. 27

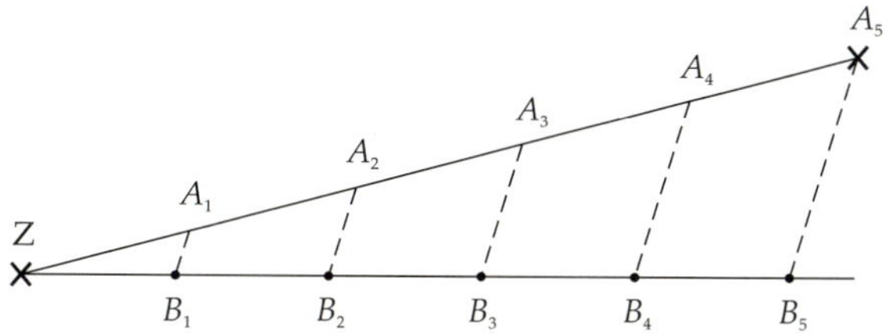

15 Figur

A10
S. 27

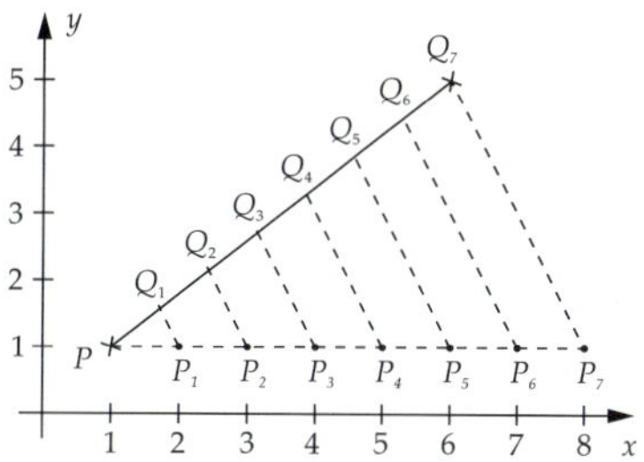

16 Figur

S. 28

$$\frac{\overline{AT_i}}{p} = \frac{\overline{T_iB}}{q}$$

bzw. $$\frac{\overline{AT_i}}{\overline{T_iB}} = \frac{p}{q}$$

$$\frac{\overline{AT_a}}{p} = \frac{\overline{T_aB}}{q}$$

bzw. $$\frac{\overline{AT_a}}{\overline{T_aB}} = \frac{p}{q}$$

Beispiel 1
S. 29/30

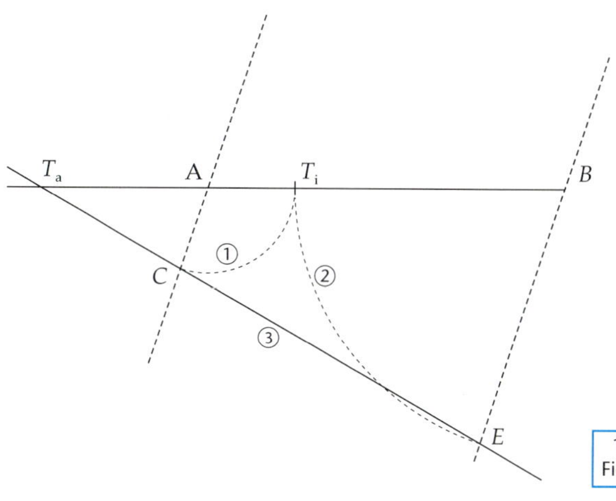

18 Figur

A 11 a) Maßstab = 1 : 2

S. 30

b) $\dfrac{\overline{AT_i}}{\overline{T_iB}} = \dfrac{3\text{ cm}}{1\text{ cm}} = 3$

$\dfrac{\overline{AT_a}}{\overline{T_aB}} = \dfrac{6\text{ cm}}{2\text{ cm}} = 3$

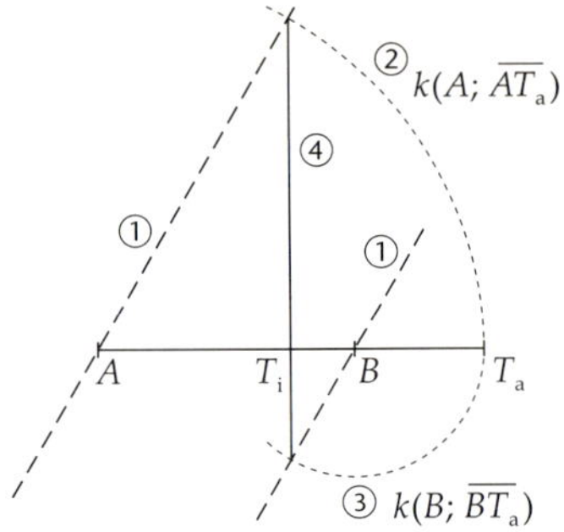

19 Figur

A

S. 32 $\dfrac{\overline{M_1T_i}}{\overline{T_iM_2}} = \dfrac{r_1}{r_2}$ $\dfrac{\overline{M_1T_a}}{\overline{T_aM_2}} = \dfrac{r_1}{r_2}$

Beispiel

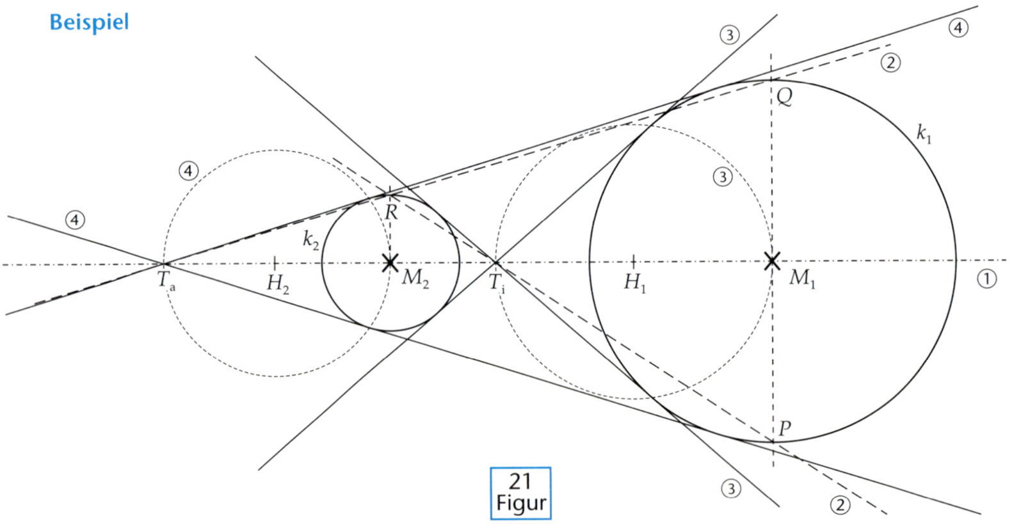

21 Figur

S. 33 $\dfrac{H}{25\text{ m}} = \dfrac{36\text{ mm}}{50\text{ mm}} \Rightarrow H = \dfrac{36 \cdot 25\text{ m}}{50} = 18\text{ m}$

Der Baum ist 18 m hoch.

S. 34 **I** $\dfrac{H}{45{,}6\text{ m}} = \dfrac{1{,}6\text{ m}}{2{,}4\text{ m}}$ (durchgestrichen) (2. Strahlensatz: … die vom Geraden*schnittpunkt aus* gemessenen Abschnitte …)

II $\dfrac{H}{45{,}6\text{ m} + 2{,}4\text{ m}} = \dfrac{1{,}6\text{ m}}{2{,}4\text{ m}} \Rightarrow H = \dfrac{1{,}6 \cdot 48\text{ m}}{2{,}4} = 32\text{ m}$

Der Kirchturm ist 32 m hoch.

Beispiel 3

$$\frac{b}{24\text{ m}} = \frac{b + 20\text{ m}}{32\text{ m}} \qquad \Big|\cdot 24\text{ m} \quad \cdot 32\text{ m}$$

$$\begin{aligned} b \cdot 32\,\cancel{\text{m}} &= (b + 20\text{ m}) \cdot 24\,\cancel{\text{m}} \\ 32b &= 24b + 480\text{ m} \\ 8b &= 480\text{ m} \\ b &= 60\text{ m} \end{aligned}$$

Die Schlucht ist 60 m breit.

A 12
S. 34/35

$$\frac{\overline{DA}}{490\text{ m}} = \frac{\overline{DP_2}}{7\text{ cm}} \quad\Rightarrow\quad \overline{DA} = \frac{60\,\cancel{\text{cm}} \cdot 490\text{ m}}{7\,\cancel{\text{cm}}} = 4200\text{ m}$$

Die Länge der Strecke $\overline{DA}$ beträgt 4200 m.

A 13
S. 35

a)

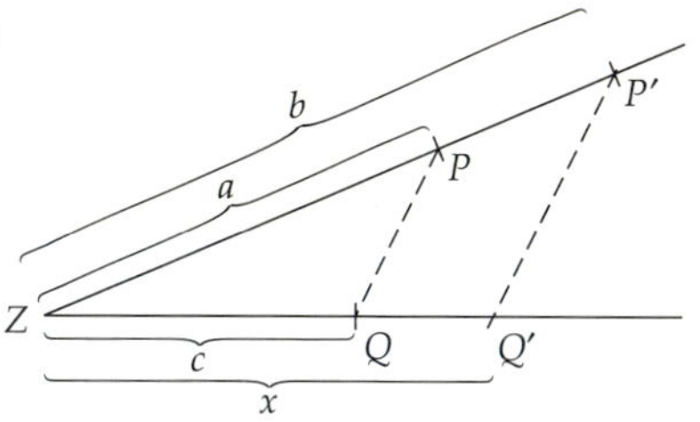

26
Figur

b)

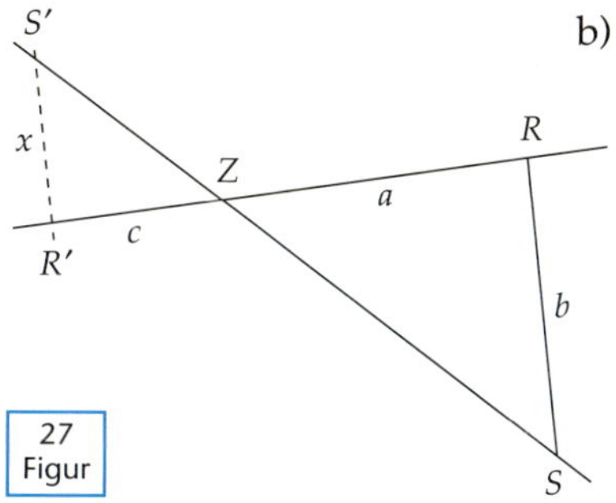

27
Figur

c) $\frac{5\text{ cm}}{12\text{ cm}} = \frac{7{,}5\text{ cm}}{x} \quad\Rightarrow\quad x = \frac{7{,}5\text{ cm} \cdot 12}{5} = 18\text{ cm}$

Überlegung ohne Rechnung:
Damit die Verhältnisgleichung erfüllt ist, muss gelten:

wenn c um 50 % länger ist als a,
muss auch x um 50 % länger sein als b!

A 14
S. 35

Vergleiche Figur 17a:
Die Punkte P und Q in unserer Aufgabe entsprechen dort den Punkten A und B.

$$\left.\begin{aligned} \overline{PQ} &= 12\text{ cm} \\ \overline{PT_i} &= 9\text{ cm} \end{aligned}\right\} \quad\Rightarrow\quad \overline{T_iQ} = 3\text{ cm} \quad\Rightarrow\quad \frac{\overline{PT_i}}{\overline{T_iQ}} = \frac{9\text{ cm}}{3\text{ cm}} = 3$$

Mit $\overline{T_aQ} = x$ gilt $\overline{PT_a} = 12\text{ cm} + x$.

Harmonische Teilung $\Rightarrow \frac{\overline{PT_a}}{\overline{T_aQ}} = 3$ also $\frac{12\text{ cm} + x}{x} = 3$

$$\begin{aligned} \Rightarrow \quad 12\text{ cm} + x &= 3x \\ x &= 6\text{ cm} \end{aligned}$$

Es ergibt sich: $\overline{PT_a} = 18\text{ cm}$; $\overline{T_aQ} = 6\text{ cm}$

A

A 15
S. 35/36

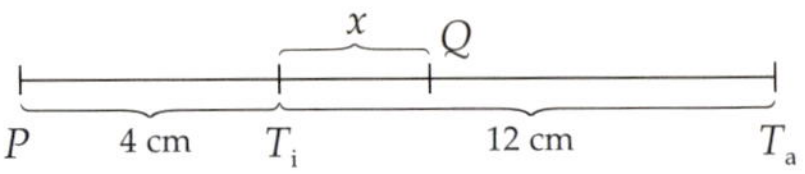

P 28 Figur

$\overline{PT_a} = 16\text{ cm}$

$$\frac{4\text{ cm}}{x} = \frac{16\text{ cm}}{12\text{ cm} - x}$$

$$4\,\cancel{\text{cm}} \cdot (12\text{ cm} - x) = 16\,\cancel{\text{cm}} \cdot x$$

$$48\text{ cm} - 4x = 16x$$

$$48\text{ cm} = 20x$$

$$\Rightarrow \quad x = 2{,}4\text{ cm} \quad \text{und} \quad \overline{PQ} = 2{,}4\text{ cm} + 4\text{ cm} = 6{,}4\text{ cm}$$

A

A 16
S. 36

a)

$$\frac{x}{x+b} = \frac{c}{a}$$

$$\frac{x}{x + 15\text{ cm}} = \frac{3\,\cancel{\text{cm}}}{12\,\cancel{\text{cm}}}$$

$$12x = 3x + 45\text{ cm}$$

$$9x = 45\text{ cm}$$

$$x = 5\text{ cm}$$

$$\Rightarrow \quad \overline{CZ} = 5\text{ cm}$$

b)

$$\frac{y}{d} = \frac{x}{b}$$

$$\frac{y}{12\text{ cm}} = \frac{5\,\cancel{\text{cm}}}{15\,\cancel{\text{cm}}}$$

$$15y = 60\text{ cm}$$

$$y = 4\text{ cm}$$

$$\Rightarrow \quad \overline{DZ} = 4\text{ cm}$$

S. 37

$$\frac{B}{G} = \frac{b}{g}$$

A 17
S. 37

$$\frac{B}{G} = \frac{b}{g} \quad \Rightarrow \quad B = \frac{b \cdot G}{g} = \frac{50\text{ cm} \cdot 15\text{ cm}}{30\text{ cm}} = 25\text{ cm}$$

S. 38

$$\frac{h}{l} = \frac{H}{G} \qquad \frac{h}{b} = \frac{H}{N} \qquad \frac{b}{l} = \frac{N}{G}$$

A 18
S. 38

a) $$\frac{H}{G} = \frac{h}{l} \quad \Rightarrow \quad H = \frac{h \cdot G}{l} = \frac{2\text{ m} \cdot 100\text{ N}}{5\text{ m}} = 40\text{ N}$$

b) Die entsprechende Bruchgleichung lässt sich leichter nach der gesuchten Größe auflösen, wenn diese im Zähler steht; nimm deshalb statt der Gleichung $\frac{b}{l} = \frac{N}{G}$ auf beiden Seiten den Kehrwert:

$$\frac{l}{b} = \frac{G}{N} \quad \Rightarrow \quad l = \frac{G \cdot b}{N} = \frac{120\text{ N} \cdot 4\text{ m}}{100\text{ N}} = 4{,}8\text{ m}$$

Sehnensatz
S. 39

$$\frac{\overline{PA}}{\overline{PB'}} = \frac{\overline{PA'}}{\overline{PB}} \quad \Rightarrow \quad \overline{PA} \cdot \overline{PB} = \overline{PA'} \cdot \overline{PB'}$$

Sekantensatz
S. 39

$$\frac{\overline{PA}}{\overline{PB'}} = \frac{\overline{PA'}}{\overline{PB}} \quad \Rightarrow \quad \overline{PA} \cdot \overline{PB} = \overline{PA'} \cdot \overline{PB'}$$

$$\frac{\overline{PA}}{\overline{PA'}} = \frac{\overline{PA'}}{\overline{PB}} \quad \Rightarrow \quad \overline{PA} \cdot \overline{PB} = \overline{PA'} \cdot \overline{PA'}$$ S. 40

bzw. $\overline{PA} \cdot \overline{PB} = \overline{PA'}^2$

M liegt auf der Mittelsenkrechten der Strecke $[AB]$. S. 41
Der gesuchte Punkt A' liegt auf dem Thaleskreis über der Strecke $[MP]$.

$\overline{A'P} = 4{,}6$ cm

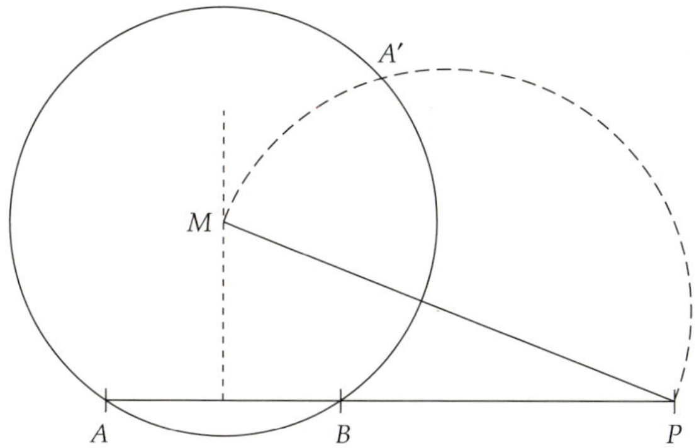

37 Figur

$s = 46$ m S. 42

$s \cdot s = 46 \text{ m} \cdot 46 \text{ m} = 2116 \text{ m}^2$

$x \cdot y = 2100 \text{ m}^2$

Wenn du bei der Konstruktion $\overline{AP} = 8$ cm und $\overline{BP} = 6$ cm beachtet hast, ergibt sich für die Quadratseite $s \approx 7$ cm. A 19 S. 42

Als Zentrum der zentrischen Streckung kommt nur der Punkt P infrage. S. 43

… bezeichne ihren Schnittpunkt mit der Strecke $[PR]$ mit A.
… bezeichne ihren Schnittpunkt mit der Strecke $[PQ]$ mit B.

Dreieck ABC und Dreieck $A'B'C'$ sind ähnlich zueinander, da die entsprechenden Dreieckseiten parallel zueinander verlaufen und die beiden Dreiecke daher gleich große Winkel haben..

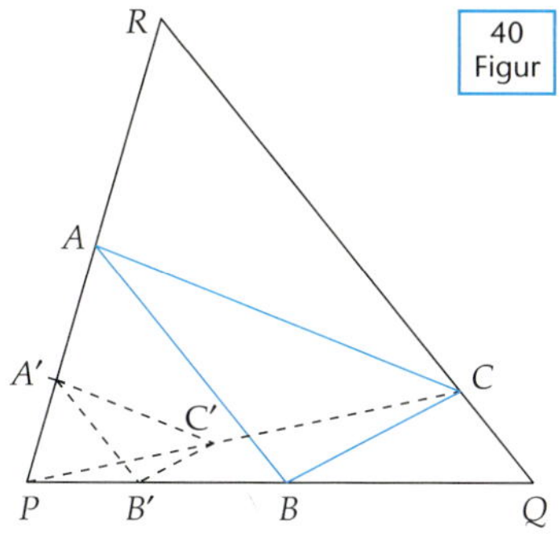

40 Figur

A 20 S. 44

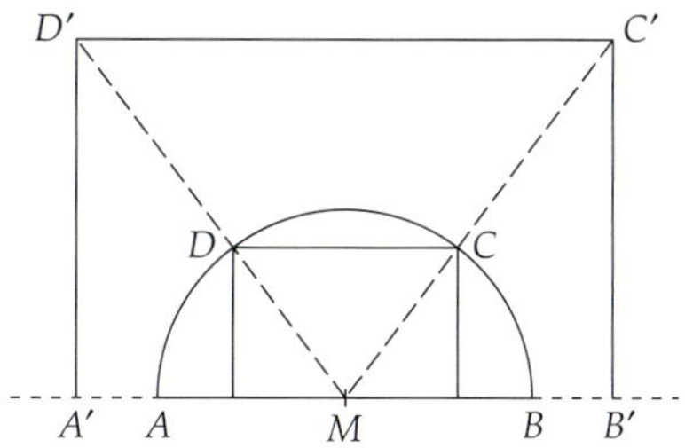

41 Figur

A 21 a)
S. 44

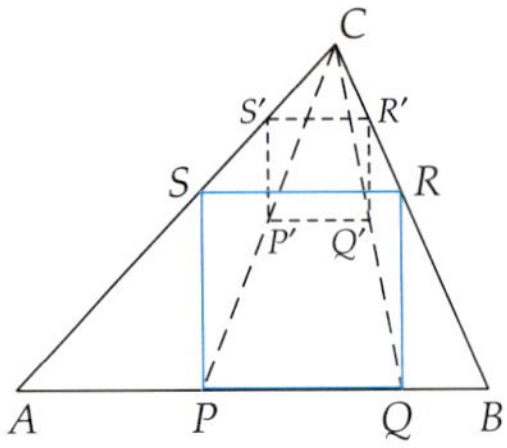

42 Figur

Das Quadrat $P'Q'R'S'$ wurde zentrisch gestreckt mit dem Zentrum C.

b) Wenn das Dreieck rechtwinklig ist, hat die Aufgabe A 21 zwei verschiedene Lösungen.

Wenn das Dreieck stumpfwinklig ist, hat die Aufgabe A 21 nur eine Lösung.

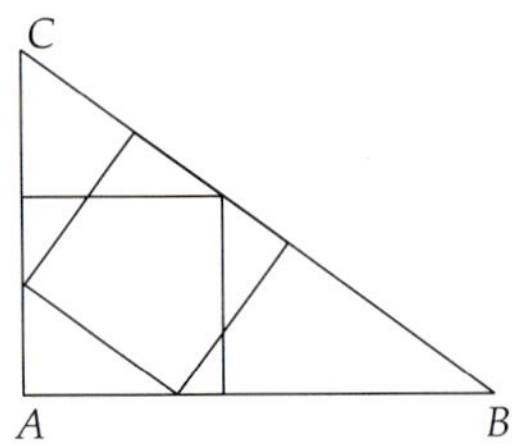

P 44 a Figur

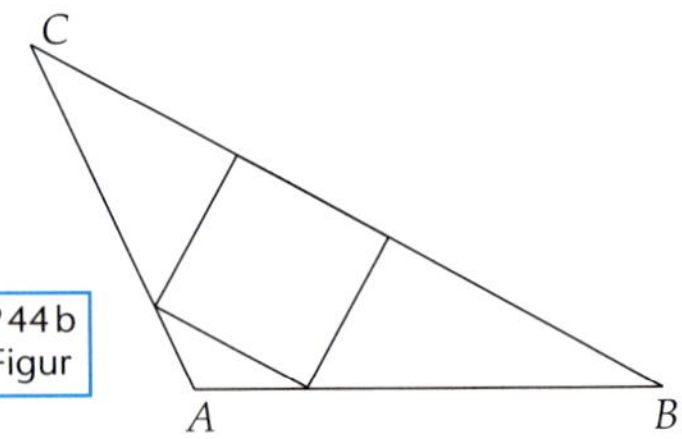

P 44 b Figur

S. 45 Statt $a' : b' = 9 : 8$ können wir also schreiben: $a' : b' = 4{,}5 : 4$

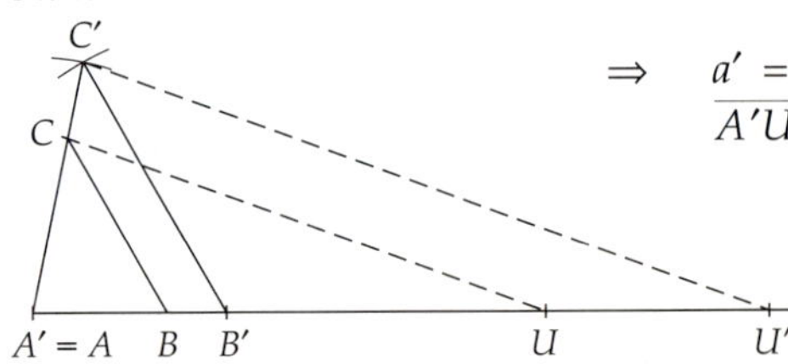

$\Rightarrow \quad a' = 4{,}5$ cm

$\overline{A'U'} = (4{,}5 + 4 + 3)$ cm $= 11{,}5$ cm

46 Figur

A 22
S. 45

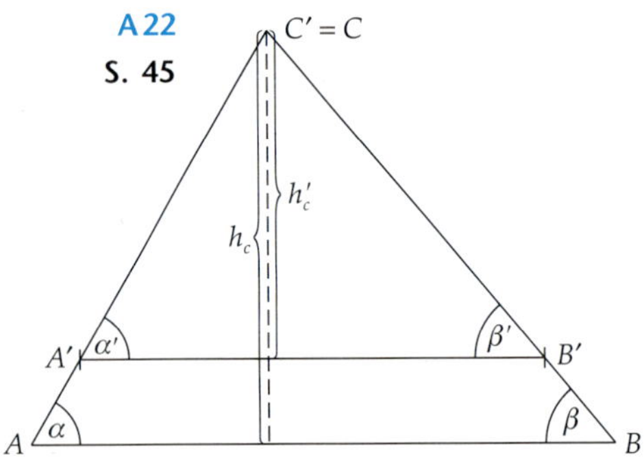

47 c Figur

47 a Figur

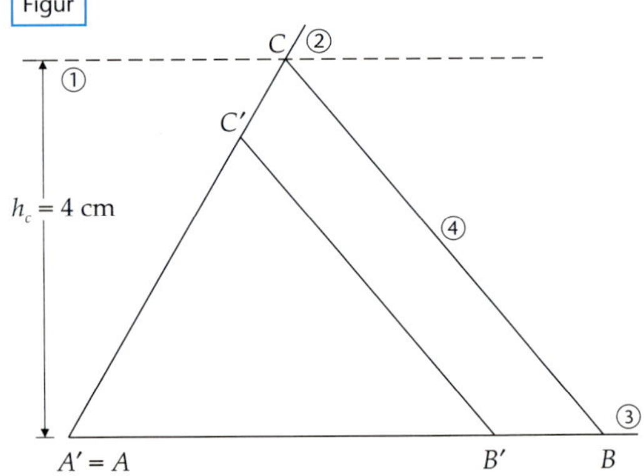

Figur 47 b: nächste Seite

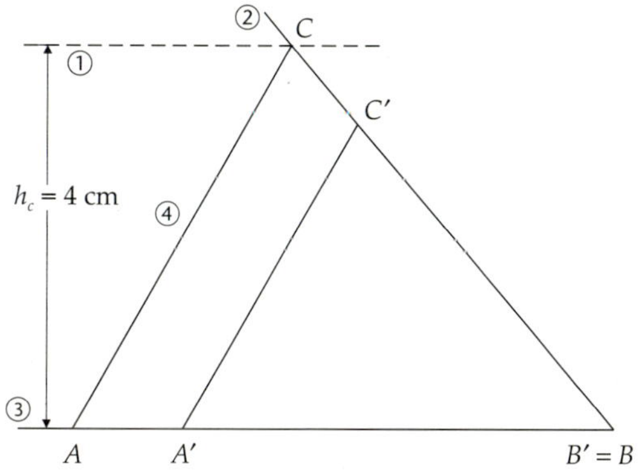

47b Figur

A + B

A 23 S. 45

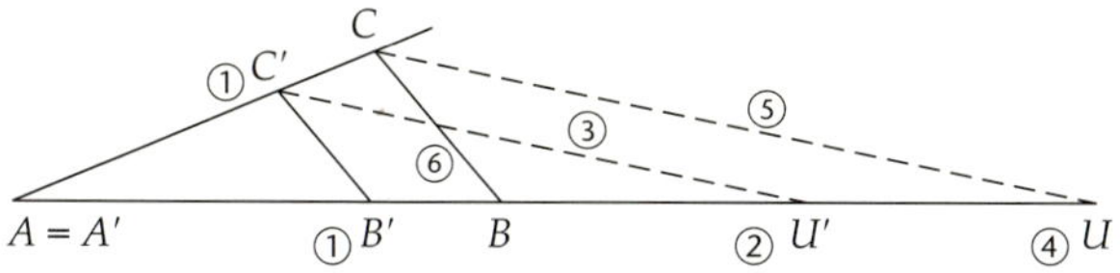

48 Figur

Lösungshinweise:

- $a : b = 1 : 2$ und $b : c = 4 : 5$
  $\Rightarrow$ $a' : b' : c' = 2 : 4 : 5$
  $\Rightarrow$ $u' = a' + b' + c' = (2 + 4 + 5)$ cm $= 11$ cm $= \overline{A'U'}$
- $C'U' \parallel CU$ und $C'B' \parallel CB$

Lösungen Teil B

… außerdem hat jedes Teildreieck bei D einen rechten Winkel. S. 47

$\frac{b}{c} = \frac{q}{b} \quad \Rightarrow \quad b^2 = q \cdot c \qquad \frac{a}{c} = \frac{p}{a} \quad \Rightarrow \quad a^2 = p \cdot c$

➡ $\overline{BD} = p = y \mathrel{\widehat{=}} 3{,}5$ cm S. 48

Also stehen DC und AB senkrecht aufeinander.

… liegt C auf dem Thaleskreis über $[AB]$.

➡ $a = 4{,}6$ cm S. 49

$\Rightarrow$ $s = 46$ m

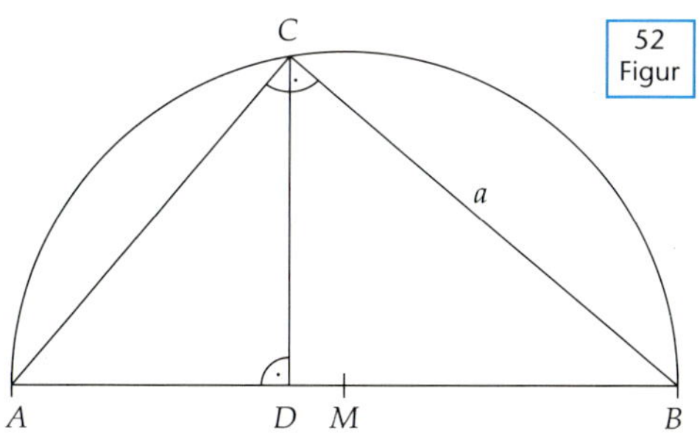

52 Figur

B 1
S. 49

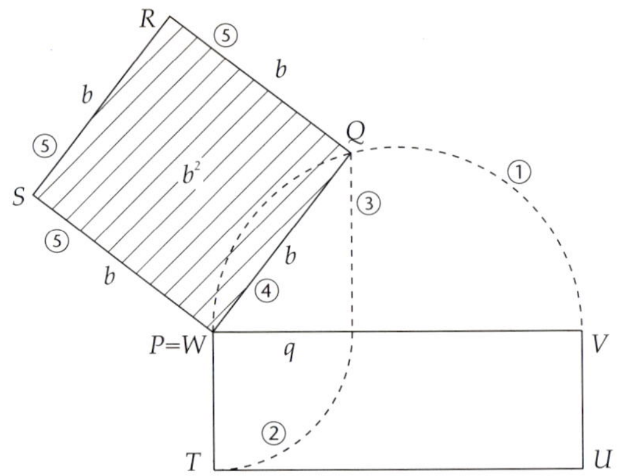

53 Figur

S. 50 $c^2 = 9\text{ cm}^2 + 16\text{ cm}^2$

$c^2 = 25\text{ cm}^2 \quad \Rightarrow \quad c = 5\text{ cm}$

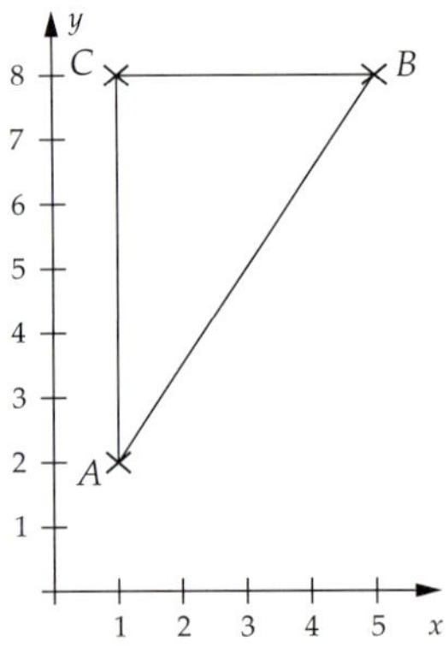

55 Figur

$$\overline{AB}^2 = 4^2 + 6^2$$
$$\overline{AB}^2 = 16 + 36$$
$$\overline{AB}^2 = 52$$
$$\Rightarrow \quad \overline{AB} = 7{,}21$$

S. 51

$$b^2 = c^2 - a^2$$
$$b^2 = 100\text{ cm}^2 - 25\text{ cm}^2$$
$$b^2 = 75\text{ cm}^2$$
$$\Rightarrow \quad b = 8{,}66\text{ cm}$$

Beispiel

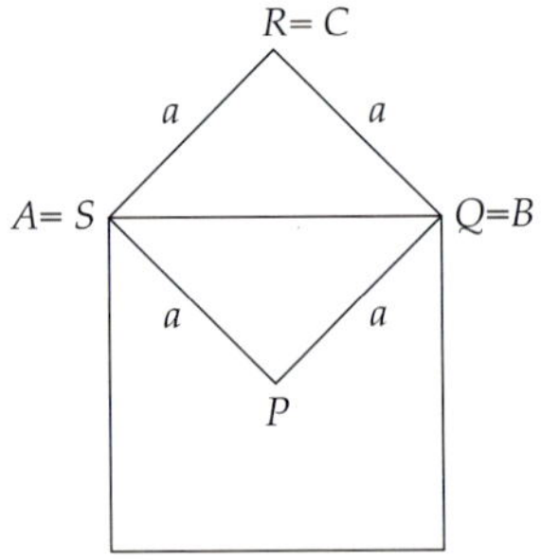

56 Figur

B 2
S. 51

a) $c^2 = (12\text{ cm})^2 + (5\text{ cm})^2 = 169\text{ cm}^2 \quad \Rightarrow \quad c = 13\text{ cm}$

b) $\overline{QP}^2 = (15\text{ cm})^2 - (9\text{ cm})^2 = 144\text{ cm}^2 \quad \Rightarrow \quad \overline{QP} = 12\text{ cm}$

c) $\overline{ST}^2 = (25\text{ dm})^2 - (7\text{ dm})^2 = 576\text{ dm}^2 \quad \Rightarrow \quad \overline{ST} = 24\text{ dm}$

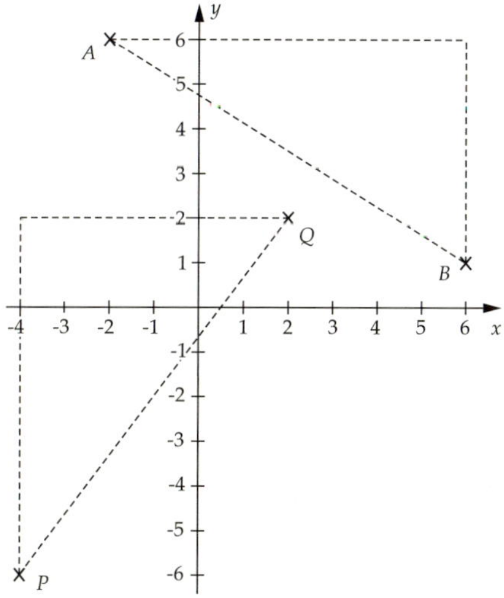

59 Figur

a) $A(-2|6)$, $B(6|1)$ **B3** **S. 52**

$$\overline{AB}^2 = 8^2 + 5^2$$
$$\overline{AB}^2 = 89$$
$$\Rightarrow \overline{AB} = 9{,}43$$

b) $P(-4|-6)$, $Q(2|2)$

$$\overline{PQ}^2 = 6^2 + 8^2$$
$$\overline{PQ}^2 = 100$$
$$\Rightarrow \overline{PQ} = 10$$

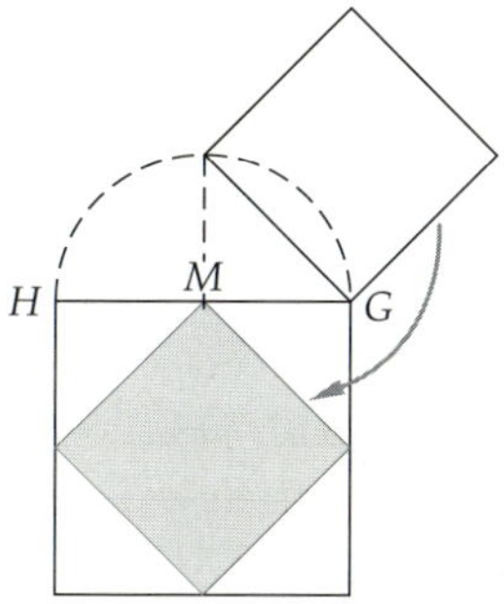

(Maßstab = 1 : 2)

60 Figur

B4 **S. 52**

Mit den Bezeichnungen der schiefen Ebene lautet der Satz des PYTHAGORAS **B5** **S. 52**

statt $a^2 + b^2 = c^2$
hier: $h^2 + b^2 = l^2$
Beachte, dass die Hypotenuse immer dem rechten Winkel gegenüber liegt.

$$h^2 = l^2 - b^2$$
$$h^2 = 7225\text{ m}^2 - 7056\text{ m}^2$$
$$h^2 = 169\text{ m}^2$$
$$\Rightarrow h = 13\text{ m}$$

B6 **S. 52**

a)
$$d^2 = a^2 + a^2$$
$$d^2 = 2 \cdot a^2$$
$$\Rightarrow d = \sqrt{2} \cdot a$$

b) Die Länge der Diagonale eines Quadrats ist gleich der Länge der Quadratseite mal der Wurzel aus 2.

c) $d = \sqrt{2} \cdot 5\text{ cm} = 7{,}07\text{ cm}$ **S. 53**

B7 **S. 53**

a)
$$d^2 = a^2 + b^2$$
$$\Rightarrow d = \sqrt{a^2 + b^2}$$

b) $d = \sqrt{49\text{ cm}^2 + 36\text{ cm}^2} = \sqrt{85\text{ cm}^2} = 9{,}22\text{ cm}$

B

B8
S. 53/54

a) $h^2 + \left(\frac{a}{2}\right)^2 = a^2$

$$h^2 = a^2 - \left(\frac{a}{2}\right)^2$$

$$h^2 = a^2 - \frac{a^2}{4}$$

$$h^2 = \frac{3}{4} \cdot a^2$$

$$\Rightarrow \quad h = \sqrt{\frac{3}{4}} \cdot a = \sqrt{3} \cdot \frac{a}{2}$$

b) $h = \sqrt{3} \cdot \frac{5\text{ cm}}{2} = 4{,}33\text{ cm}$

c) $A = \frac{a \cdot \sqrt{3} \cdot \frac{a}{2}}{2}$ bzw. $A = \frac{\sqrt{3} \cdot a^2}{4}$

d) $A = \frac{\sqrt{3} \cdot 25\text{ cm}^2}{4} = 10{,}83\text{ cm}$

B

S. 55 $\frac{h}{q} = \frac{p}{h} \quad \Rightarrow \quad h^2 = p \cdot q$

S. 58

$a^2 = p \cdot c$
$b^2 = q \cdot c$
$a^2 + b^2 = c^2$
$h^2 = p \cdot q$

B9
S. 59

Da das $\triangle CBD$ bei D rechtwinklig ist, lässt sich nach dem Satz des PYTHAGORAS p berechnen:

$$p^2 + h^2 = a^2$$
$$p^2 = a^2 - h^2$$
$$p^2 = 49\text{ cm}^2 - 9\text{ cm}^2$$
$$p^2 = 40\text{ cm}^2$$
$$\Rightarrow \quad p = 6{,}32\text{ cm}$$

S. 60

$$q \cdot p = h^2$$

$$q = \frac{h^2}{p} = \frac{9\text{ cm}^2}{6{,}32\text{ cm}} = 1{,}42\text{ cm}$$

$$c = p + q = 6{,}32\text{ cm} + 1{,}42\text{ cm} = 7{,}74\text{ cm}$$

$$a^2 + b^2 = c^2 \qquad | - a^2$$
$$b^2 = c^2 - a^2$$
$$b^2 = 59{,}91\text{ cm}^2 - 49\text{ cm}^2$$
$$b^2 = 10{,}91\text{ cm}^2$$
$$\Rightarrow \quad b = 3{,}30\text{ cm}$$

$$A_1 = \frac{7{,}74\text{ cm} \cdot 3\text{ cm}}{2} = 11{,}61\text{ cm}^2 \qquad A_2 = \frac{7\text{ cm} \cdot 3{,}30\text{ cm}}{2} = 11{,}55\text{ cm}^2$$

Beachte:
Dass die beiden Ergebnisse nicht genau übereinstimmen, liegt daran, dass wir alle Einzelergebnisse nur auf zwei Stellen hinter dem Komma angeben.

B 10
S. 60

$$c = p + q$$
$$c = 18\text{ cm} + 32\text{ cm} = 50\text{ cm}$$

$$h^2 = p \cdot q$$
$$h^2 = 18\text{ cm} \cdot 32\text{ cm} = 576\text{ cm}^2$$
$$\Rightarrow \quad h = 24\text{ cm}$$

$$a^2 = p \cdot c$$
$$a^2 = 18\text{ cm} \cdot 50\text{ cm} = 900\text{ cm}^2$$
$$\Rightarrow \quad a = 30\text{ cm}$$

$$b^2 = c^2 - a^2$$
$$b^2 = 2500\text{ cm}^2 - 900\text{ cm}^2 = 1600\text{ cm}^2$$
$$\Rightarrow \quad b = 40\text{ cm}$$

bzw.: $b^2 = q \cdot c = 32\text{ cm} \cdot 50\text{ cm} = 1600\text{ cm}^2$

$$A = \frac{c \cdot h}{2} \quad \Rightarrow \quad A = \frac{50\text{ cm} \cdot 24\text{ cm}}{2} = 600\text{ cm}^2$$

bzw. $A = \frac{a \cdot b}{2} \quad \Rightarrow \quad A = \frac{30\text{ cm} \cdot 40\text{ cm}}{2} = 600\text{ cm}^2$

B 11
S. 61

$$A = \frac{a \cdot b}{2} \quad \Rightarrow \quad a = \frac{A \cdot 2}{b} = \frac{270\text{ cm}^2 \cdot 2}{36\text{ cm}} = 15\text{ cm}$$

$$c^2 = a^2 + b^2$$
$$c^2 = 225\text{ cm}^2 + 1296\text{ cm}^2 = 1521\text{ cm}^2$$
$$\Rightarrow \quad c = 39\text{ cm}$$

$$a^2 = p \cdot c \quad \Rightarrow \quad p = \frac{a^2}{c} = \frac{225\text{ cm}^2}{39\text{ cm}} = 5{,}77\text{ cm}$$

$$c = p + q \quad \Rightarrow \quad q = c - p = 39\text{ cm} - 5{,}77\text{ cm} = 33{,}23\text{ cm}$$

$$A = \frac{h \cdot c}{2} \quad \Rightarrow \quad h = \frac{A \cdot 2}{c} = \frac{270\text{ cm}^2 \cdot 2}{39\text{ cm}} = 13{,}85\text{ cm}$$

B 12
S. 61

$$A = \frac{c \cdot h}{2} \quad \Rightarrow \quad h = \frac{A \cdot 2}{c} = \frac{150\text{ cm}^2 \cdot 2}{25\text{ cm}} = 12\text{ cm}$$

S. 62

$$144 = 25p - p^2$$
$$p^2 - 25p + 144 = 0$$
$$\Rightarrow \quad p_{1,2} = \frac{25 \pm \sqrt{625 - 576}}{2} = \frac{25 \pm 7}{2}$$

➜

S. 62
Fortsetzung

$$p_1 = \frac{25 + 7}{2} \quad \Rightarrow \quad p_1 = 16 \text{ cm}$$

$$p_2 = \frac{25 - 7}{2} \quad \Rightarrow \quad p_2 = 9 \text{ cm}$$

$q_1 = 25 \text{ cm} - 16 \text{ cm} = 9 \text{ cm} \qquad q_2 = 25 \text{ cm} - 9 \text{ cm} = 16 \text{ cm}$

$p_1 = q_2$ und $p_2 = q_1$

$$\begin{aligned} a^2 &= p \cdot c \\ a^2 &= 16 \text{ cm} \cdot 25 \text{ cm} = 400 \text{ cm}^2 \\ \Rightarrow a &= 20 \text{ cm} \end{aligned}$$

$$\begin{aligned} b^2 &= q \cdot c \\ b^2 &= 9 \text{ cm} \cdot 25 \text{ cm} = 225 \text{ cm}^2 \\ \Rightarrow b &= 15 \text{ cm} \end{aligned}$$

B

B 13
S. 62

$$A = \frac{c \cdot h}{2} \quad \Rightarrow \quad h = \frac{A \cdot 2}{c} = \frac{5\,070 \text{ cm}^2 \cdot 2}{169 \text{ cm}} = 60 \text{ cm}$$

$h^2 = p \cdot c - p^2$ (Vergleiche Aufgabe B12)

$\Rightarrow \quad p^2 - 169p + 3600 = 0$

$$\Rightarrow \quad p_{1,2} = \frac{169 \pm \sqrt{28561 - 14400}}{2} = \frac{169 \pm \sqrt{14161}}{2}$$

$$p_1 = \frac{169 + 119}{2} = 144 \text{ cm} \qquad \left(p_2 = \frac{169 - 119}{2} = 25 \text{ cm}\right)$$

$q = c - p \quad \Rightarrow \quad q = 169 \text{ cm} - 144 \text{ cm} = 25 \text{ cm}$

$a^2 = p \cdot c \quad \Rightarrow \quad a^2 = 144 \text{ cm} \cdot 169 \text{ cm} = 144 \cdot 169 \text{ cm}^2$

$\Rightarrow \quad a = 12 \cdot 13 \text{ cm} = 156 \text{ cm}$

$b^2 = q \cdot c \quad \Rightarrow \quad b^2 = 25 \text{ cm} \cdot 169 \text{ cm} = 25 \cdot 169 \text{ cm}^2$

$\Rightarrow \quad b = 5 \cdot 13 \text{ cm} = 65 \text{ cm}$

B 14
S. 62

$c^2 - q \cdot c - a^2 = 0$

$c^2 - 27c - 3600 = 0$

$$\Rightarrow \quad c_{1,2} = \frac{27 \pm \sqrt{729 + 14400}}{2} = \frac{27 \pm 123}{2}$$

$c_1 = 75 \text{ cm}; \quad c_2 = -48 \text{ cm} \quad \Rightarrow \quad c = 75 \text{ cm}$

$p = c - q \quad \Rightarrow \quad p = 75 \text{ cm} - 27 \text{ cm} = 48 \text{ cm}$

$h^2 = p \cdot q \quad \Rightarrow \quad h^2 = 48 \text{ cm} \cdot 27 \text{ cm} = 1296 \text{ cm}^2$

$\Rightarrow \quad h = 36 \text{ cm}$

$b^2 = c^2 - a^2 \quad \Rightarrow \quad b^2 = 5625 \text{ cm}^2 - 3600 \text{ cm}^2 = 2025 \text{ cm}^2$

$\Rightarrow \quad b = 45 \text{ cm}$

$$A = \frac{c \cdot h}{2} \quad \Rightarrow \quad A = \frac{75 \text{ cm} \cdot 36 \text{ cm}}{2} = 1\,350 \text{ cm}^2$$

B 15
S. 63

$\overline{AB} = \overline{DC}; \quad \overline{AD} = \overline{BC}$

$\overline{AE} = \overline{AB} - \overline{EB} = 9\text{ cm} - 6\text{ cm} = 3\text{ cm}$

$\overline{AD}^2 = h_a^2 + \overline{AE}^2 = 16\text{ cm}^2 + 9\text{ cm}^2 = 25\text{ cm}^2 \quad \Rightarrow \quad \overline{AD} = 5\text{ cm} = \overline{BC}$

$\overline{EC}^2 = \overline{DC}^2 + h_a^2 = 81\text{ cm}^2 + 16\text{ cm}^2 = 97\text{ cm}^2 \quad \Rightarrow \quad \overline{EC} = 9{,}85\text{ cm}$

$\overline{DB}^2 = h_a^2 + \overline{EB}^2 = 16\text{ cm}^2 + 36\text{ cm}^2 = 52\text{ cm}^2 \quad \Rightarrow \quad \overline{DB} = 7{,}21\text{ cm}$

B 16
S. 63

$\overline{FE} = \overline{DC} \quad \Rightarrow \quad \overline{EB} = \overline{AB} - \overline{AF} - \overline{FE} = 14\text{ m} - 2\text{ m} - 4\text{ m} = 8\text{ m}$

$\overline{EC}^2 = \overline{CB}^2 - \overline{EB}^2 = 100\text{ m}^2 - 64\text{ m}^2 = 36\text{ m}^2 \quad \Rightarrow \quad \overline{EC} = 6\text{ m} = \overline{DF}$

$\overline{AD}^2 = \overline{AF}^2 + \overline{DF}^2 = 4\text{ m}^2 + 36\text{ m}^2 = 40\text{ m}^2 \quad \Rightarrow \quad \overline{AD} = 6{,}32\text{ m}$

$A_{\text{⏢}} = \dfrac{\overline{AB} + \overline{DC}}{2} \cdot \overline{DF} = \dfrac{14\text{ m} + 4\text{ m}}{2} \cdot 6\text{ m} = 54\text{ m}^2$

(Vergleiche Abschnitt D5 in ML 626.)

bzw. über die Einzelflächen $A_{\text{I}} + A_{\text{II}} + A_{\text{III}}$:

$A_{\text{⏢}} = \dfrac{2\text{ m} \cdot 6\text{ m}}{2} + 4\text{ m} \cdot 6\text{ m} + \dfrac{8\text{ m} \cdot 6\text{ m}}{2} = 6\text{ m}^2 + 24\text{ m}^2 + 24\text{ m}^2 =$

$= 54\text{ m}^2$

B

S. 64

Da das $\triangle ABM$ gleichschenklig ist, ergibt sich für die beiden Basiswinkel:

$\alpha = \beta = \dfrac{180° - 36°}{2} = 72°$

… das sowohl $\triangle BNA$ als auch $\triangle MAN$ gleichschenklig sind

$\Rightarrow \quad \overline{MN} = x$

$\dfrac{r - x}{x} = \dfrac{x}{r}$

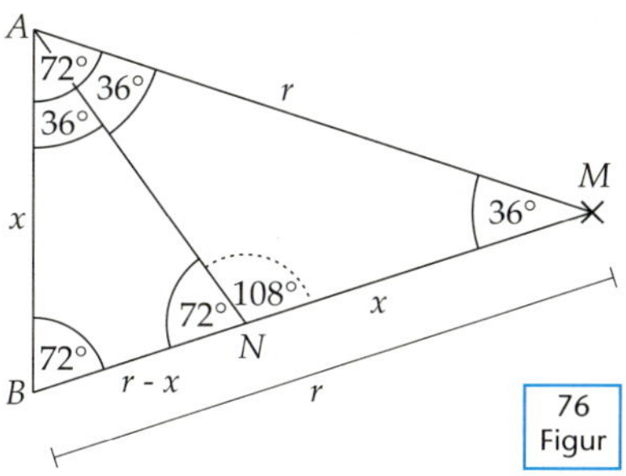

76
Figur

B 17
S. 65

a)

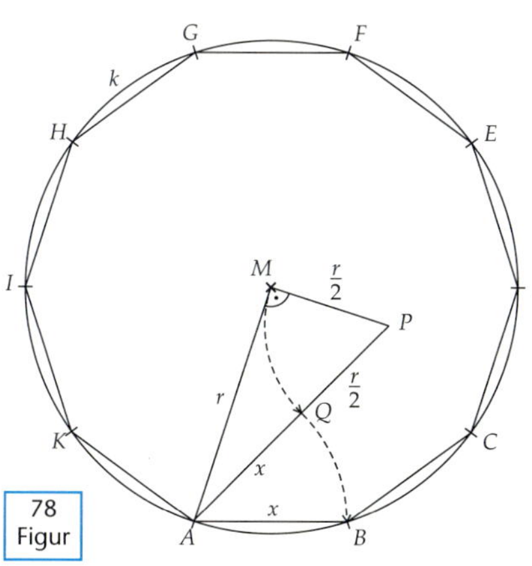

78
Figur

b) $x = \sqrt{\left(\dfrac{r}{2}\right)^2 + r^2} - \dfrac{r}{2}$

$= \sqrt{2{,}5^2 + 5^2} - 2{,}5$

$= \sqrt{31{,}25} - 2{,}5 = 3{,}09$

$x = 3{,}09\text{ cm}$

S. 66

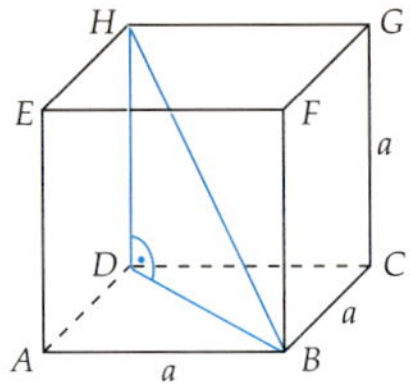

P80 Figur

Das Dreieck *BHD* hat einen rechten Winkel bei *D*; damit ist die Dreieckseite [*BH*] Hypotenuse im $\triangle BHD$.

$$\overline{HD} = 5\text{ cm}$$
$$\overline{DB} = \sqrt{2} \cdot 5\text{ cm} = 7{,}07\text{ cm}$$
$$\overline{BH}^2 = 25\text{ cm}^2 + 50\text{ cm}^2 = 75\text{ cm}^2$$
$$\Rightarrow \overline{BH} = 8{,}66\text{ cm}$$

S. 67

$$\overline{AC}^2 = 64\text{ cm}^2 + 36\text{ cm}^2 = 100\text{ cm}^2$$
$$\Rightarrow \overline{AC} = 10\text{ cm};\quad \overline{MC} = 5\text{ cm}$$

$$s^2 = \overline{MC}^2 + h^2$$
$$s^2 = 25\text{ cm}^2 + 144\text{ cm}^2 = 169\text{ cm}^2$$
$$\Rightarrow s = 13\text{ cm}$$

B 18
S. 67

$$\overline{AC}^2 = a^2 + b^2$$
$$\overline{AC}^2 = 256\text{ cm}^2 + 144\text{ cm}^2 = 400\text{ cm}^2$$
$$\Rightarrow \overline{AC} = 20\text{ cm}$$

$$\overline{EC}^2 = h^2 + \overline{AC}^2$$
$$\overline{EC}^2 = 441\text{ cm}^2 + 400\text{ cm}^2 = 841\text{ cm}^2$$
$$\Rightarrow \overline{EC} = 29\text{ cm} = d$$

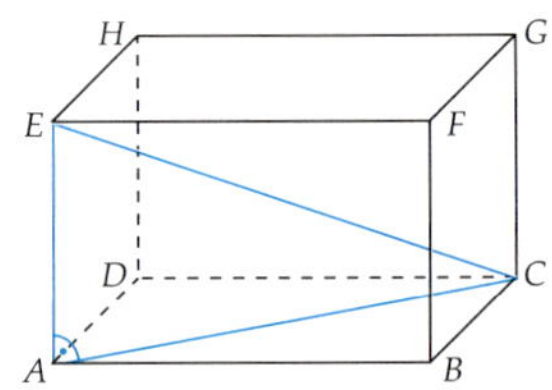

P82 Figur

(Auch [*GA*], [*HB*] und [*DF*] sind Raumdiagonalen, die bei einem Quader alle gleich lang sind.)

B 19
S. 67

a) $\overline{DB} = \sqrt{2} \cdot a$

$$d^2 = \overline{HB}^2 = \overline{HD}^2 + \overline{DB}^2 = a^2 + 2a^2 = 3 \cdot a^2$$
$$\Rightarrow d = \overline{HB} = \sqrt{3 \cdot a^2} = \sqrt{3} \cdot a$$

b) $d = \sqrt{3} \cdot 5\text{ cm} = 8{,}66\text{ cm}$

B 20
S. 68

$$m^2 = h^2 + r^2$$
$$m^2 = 576\text{ cm}^2 + 100\text{ cm}^2 = 676\text{ cm}^2$$
$$\Rightarrow m = 26\text{ cm}$$

B 21
S. 68

$$h^2 = l^2 - d^2$$
$$h^2 = 64\text{ m}^2 - 9\text{ m}^2 = 55\text{ m}^2$$
$$\Rightarrow h = 7{,}42\text{ m}$$

P84 Figur

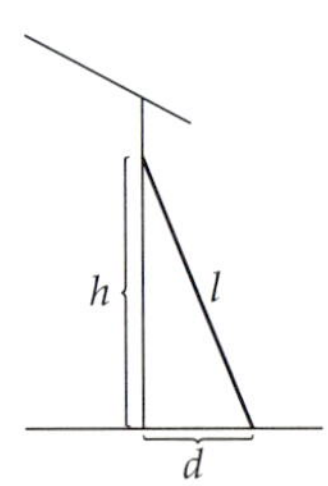

Tabelle der Kreismessungen (alle Werte in cm) S. 70

Radius	1	2	3	4	5
Durchmesser	2	4	6	8	10
Umfang	6,28	12,56	18,84	25,12	31,40
$\frac{\text{Umfang}}{\text{Durchmesser}}$	3,14	3,14	3,14	3,14	3,14

Als Mittelwert der Quotienten ergibt sich etwa 3,14.

Radius	6	7	10	20	0,5
Durchmesser	12	14	20	40	1
Umfang	37,68	43,96	62,80	125,60	3,14

- Wird bei einem Kreis der Durchmesser verdoppelt, so wird auch der Kreisumfang doppelt so lang.
- Wird der Durchmesser verdreifacht, so ist der Kreisumfang dreimal so lang.
- Die Längen von Kreisdurchmesser und Kreisumfang sind direkt proportional zueinander. S. 71
- Der Quotient aus Kreisumfang und Kreisdurchmesser ist konstant.

Figur 86 zeigt:

Der Kreisumfang ist offensichtlich kürzer als der Umfang des Quadrates *ABCD*.

$u_{\square} = 8 \cdot r$ bzw. $u_{\square} = 4 \cdot d$

Figur 87 zeigt:

Der Kreisumfang ist offensichtlich länger als der Umfang des regulären Sechsecks *EFGHIK*.

$u_{\hexagon} = 6 \cdot r$ bzw. $u_{\hexagon} = 3 \cdot d$

$\Rightarrow \quad 3 \cdot d < \pi \cdot d < 4 \cdot d$ S. 72

C 1 S. 72

$u = 2 \cdot 3{,}14 \cdot 3\text{ cm} = 18{,}84\text{ cm}$

C 2 S. 72

$u = 3{,}14 \cdot 10\text{ cm} = 31{,}40\text{ cm}$

C3
S. 72

a) $r = \dfrac{u}{2 \cdot 3{,}14} \quad \Rightarrow \quad r_1 = \dfrac{2\text{ m}}{2 \cdot 3{,}14} = 31{,}85\text{ cm}$

b) $r_2 = \dfrac{2{,}10\text{ m}}{2 \cdot 3{,}14} = 33{,}44\text{ cm}$

c) Der Radius r_2 ist um 1,59 cm länger als der Radius r_1.

C4
S. 72/73

$$r_1 = \frac{u_1}{2 \cdot \pi} = \frac{40000\text{ km}}{2 \cdot 3{,}14} = 6369{,}43\text{ km}$$

$$r_2 = \frac{u_1 + 10\text{ cm}}{2 \cdot \pi} = \frac{40000\text{ cm}}{2 \cdot 3{,}14} + \frac{10\text{ cm}}{2 \cdot 3{,}14} = 6369{,}43\text{ km} + 1{,}59\text{ cm}$$

C

S. 74

Quadratflächeninhalt $= 4 \cdot r^2$
Kreisflächeninhalt $\approx \dfrac{3}{4} \cdot 4 \cdot r^2 = 3 \cdot r^2$

... zu einem Rechteck zusammenfügen, dessen kurze Seite b mit dem Radius des Kreises übereinstimmt und dessen lange Seite l gleich dem halben Umfang des Kreises ist.

C5
S. 74

$A = 3{,}14 \cdot (3\text{ cm})^2 = 28{,}26\text{ cm}^2$

C6
S. 74

$$r^2 = \frac{A}{\pi} = \frac{100\text{ cm}^2}{3{,}14} = 31{,}85\text{ cm}^2$$

$\Rightarrow \quad r = 5{,}64\text{ cm} \quad \Rightarrow \quad d = 11{,}28\text{ cm}$

C7
S. 74

$$u = 2 \cdot \pi \cdot r \quad \Rightarrow \quad r = \frac{u}{2 \cdot \pi} = \frac{15\text{ dm}}{2 \cdot 3{,}14} = 2{,}39\text{ dm}$$

$\Rightarrow \quad A = 3{,}14 \cdot (2{,}39\text{ dm})^2 = 17{,}94\text{ dm}^2$

Lösungsalternative:

Mit $r = \dfrac{u}{2 \cdot \pi}$ gilt:

$$A = \pi \cdot r^2 = \pi \cdot \frac{u^2}{4 \cdot \pi^2} = \frac{u^2}{4 \cdot \pi} = \frac{(15\text{ dm})^2}{4 \cdot \pi} = 17{,}91\text{ dm}^2$$

C8
S. 75

$$\left.\begin{aligned} A_a &= 3{,}14 \cdot (6\text{ cm})^2 = 113{,}04\text{ cm}^2 \\ A_i &= 3{,}14 \cdot (4\text{ cm})^2 = 50{,}24\text{ cm}^2 \end{aligned}\right\} A_{KR} = 113{,}04\text{ cm}^2 - 50{,}24\text{ cm}^2 = 62{,}80\text{ cm}^2$$

Lösungsalternative:
$A_{KR} = A_a - A_i = \pi\,(r_a^2 - r_i^2) = \pi\,(36\text{ cm}^2 - 16\text{ cm}^2) = \pi \cdot 20\text{ cm}^2 = 62{,}80\text{ cm}^2$

$$A_{KR} = \pi \cdot r_a^2 - \pi \cdot r_i^2 \qquad \text{I}$$

$$b = r_a - r_i \quad \Rightarrow \quad r_a = b + r_i \qquad \text{II}$$

C9
S. 75

r_a in **I**: $A_{KR} = \pi \cdot (b + r_i)^2 - \pi \cdot r_i^2$

$$A_{KR} = \pi \cdot b^2 + 2\pi \cdot r_i \cdot b + \pi \cdot r_i^2 - \pi \cdot r_i^2$$

$$A_{KR} = \pi \cdot b^2 + 2 \cdot \pi \cdot r_i \cdot b$$

$$\Rightarrow \quad r_i = \frac{A_{KR} - \pi \cdot b^2}{2 \cdot \pi \cdot b} = \frac{15\,\text{m}^2 - 3{,}14 \cdot (0{,}5\,\text{m})^2}{3{,}14 \cdot 2 \cdot 0{,}5\,\text{m}} = 4{,}53\,\text{m}$$

$$\Rightarrow \quad r_a = 4{,}53\,\text{m} + 0{,}5\,\text{m} = 5{,}03\,\text{m}$$

… hängen die Länge des Kreisbogens und die Größe der Sektorfläche ab von der Größe des Mittelpunktwinkels. S. 76

C

$$b_{180^\circ} = \frac{2 \cdot \pi \cdot r}{2} = \pi \cdot r$$

$$b_{90^\circ} = \frac{2 \cdot \pi \cdot r}{4} = \frac{1}{2} \cdot \pi \cdot r$$

$$b_{1^\circ} = \frac{1}{360^\circ} \cdot 2 \cdot \pi \cdot r$$

$$b_{24^\circ} = \frac{24^\circ}{180^\circ} \cdot 3{,}14 \cdot 20\,\text{cm} = 8{,}37\,\text{cm}$$

C10
S. 76

$$r = \frac{b \cdot 180^\circ}{\pi \cdot \varphi} = \frac{30\,\text{m} \cdot 180^\circ}{3{,}14 \cdot 14^\circ} = 122{,}84\,\text{m}$$

C11
S. 76

a) $r = \dfrac{900\,\text{km} \cdot 180^\circ}{8^\circ \cdot 3{,}14} = 6\,449{,}04\,\text{km}$

C12
S. 77

b) $u = 2 \cdot 3{,}14 \cdot 6\,449{,}04\,\text{km} = 40\,499{,}97\,\text{km}$

Lösungsalternative:

$$u = 2 \cdot \pi \cdot r = 2 \cdot \pi \cdot \frac{b \cdot 180^\circ}{\varphi \cdot \pi} = \frac{2 \cdot 900\,\text{km} \cdot 180^\circ}{8^\circ} = 40\,500\,\text{km}$$

$$u = 2 \cdot 3{,}14 \cdot 149\,504\,000\,\text{km} = 9{,}3889 \cdot 10^8\,\text{km}$$

C13
S. 77

$$1\,\text{Tag} = 24\,\text{h} = 86\,400\,\text{s}$$

$$365\,\text{Tage} = 31\,536\,000\,\text{s}$$

$$\text{Weg in 1 Sekunde} = \frac{9{,}3889 \cdot 10^8}{31\,536\,000} \approx 29{,}8\,\text{km}$$

$$A_{180^\circ} = \frac{1}{2} \cdot \pi \cdot r^2; \qquad A_{90^\circ} = \frac{1}{4} \cdot \pi \cdot r^2; \qquad A_{1^\circ} = \frac{1}{360^\circ} \cdot \pi \cdot r^2$$

S. 77/78

C 14
S. 78

$$A_{24°} = \frac{24°}{360°} \cdot 3{,}14 \cdot (20\,\text{cm})^2 = 83{,}73\,\text{cm}^2$$

C 15
S. 78

$$r^2 = \frac{A \cdot 360°}{\pi \cdot \varphi} = \frac{500\,\text{m}^2 \cdot 360°}{3{,}14 \cdot 7°} = 8189{,}26\,\text{m}^2$$

$$\Rightarrow \quad r = 90{,}49\,\text{m}$$

C 16
S. 78

$$r = \frac{u}{2 \cdot \pi} = \frac{1{,}5\,\text{m}}{2 \cdot 3{,}14} = 23{,}89\,\text{cm}$$

$$A_{\bigcirc} = 3{,}14 \cdot (23{,}89\,\text{cm})^2 = 1792{,}10\,\text{cm}^2 \mathrel{\widehat{=}} 100\,\%$$

$$A_{\square} = 4 \cdot \frac{r \cdot r}{2} = 2 \cdot 23{,}89\,\text{cm} \cdot 23{,}89\,\text{cm} = 1141{,}46\,\text{cm}^2$$

$$A_{\square} \mathrel{\widehat{=}} \frac{100\,\% \cdot 1141{,}46}{1792{,}10} = 63{,}69\,\%$$

Von der kreisförmigen Querschnittsfläche fallen 36,31 % als Abfall an.

C 17
S. 79

$$A_{\frown a} = \pi \cdot \frac{a^2}{8} \qquad A_{\frown b} = \frac{1}{2} \cdot \pi \cdot \left(\frac{b}{2}\right)^2 = \frac{1}{2} \cdot \pi \cdot \frac{b^2}{4} = \pi \cdot \frac{b^2}{8}$$

… und dann die Dreiecksfläche wieder addieren.

$$A_1 + A_2 = \pi \cdot \frac{a^2}{8} + \pi \cdot \frac{b^2}{8} - \pi \cdot \frac{c^2}{8} + A_{\triangle} = \frac{\pi}{8} \cdot \left(a^2 + b^2 - c^2\right) + A_{\triangle}$$

$$a^2 + b^2 - c^2 = 0$$

C 18
S. 80

$$A_2 = \overbrace{\frac{1}{4} \cdot \pi \cdot r^2}^{\text{Viertelkreis mit Radius } r} - 2 \cdot \overbrace{\frac{1}{2} \cdot \pi \cdot \left(\frac{r}{2}\right)^2}^{\text{Halbkreis mit Druchmesser } r} + A_1 = \cancel{\frac{1}{4} \cdot \pi \cdot r^2} - \cancel{1 \cdot \pi \cdot \frac{r^2}{4}} + A_1$$

$$\Rightarrow \quad A_1 = A_2$$

Da das Dreieck *AMB* gleichschenklig ist, …

Beispiel

$$A_{\triangledown} = \frac{60°}{360°} \cdot \pi \cdot r^2 \quad \Rightarrow \quad A_{\triangledown} = \frac{60°}{360°} \cdot 3{,}14 \cdot 9\,\text{cm}^2 = 4{,}71\,\text{cm}^2$$

… Dreieck *AMB* in diesem Fall ein gleichseitiges Dreieck.

$$A_{\triangle} = \frac{\sqrt{3} \cdot r^2}{4} \quad \Rightarrow \quad A_{\triangle} = \frac{\sqrt{3} \cdot 9\,\text{cm}^2}{4} = 3{,}90\,\text{cm}^2$$

S. 81 Flächeninhalt des Kreisabschnittes: $4{,}71\,\text{cm}^2 - 3{,}90\,\text{cm}^2 = 0{,}81\,\text{cm}^2$

C

$$b_\varphi = \frac{\varphi}{180°} \cdot \pi \cdot r \quad \Rightarrow \quad \varphi = \frac{b \cdot 180°}{\pi \cdot r} = \frac{12{,}56\ \text{cm} \cdot 180°}{3{,}14 \cdot 8\ \text{cm}} = 90°$$ C 19 S. 81

Da in diesem Fall das Dreieck *AMB* rechtwinklig ist, …

$$A_\triangle = \frac{8\ \text{cm} \cdot 8\ \text{cm}}{2} = 32\ \text{cm}^2$$

$$A_\triangledown = \frac{90°}{360°} \cdot 3{,}14 \cdot 64\ \text{cm}^2 = 50{,}24\ \text{cm}^2$$

Flächeninhalt des Kreisabschnittes: $50{,}24\ \text{cm}^2 - 32\ \text{cm}^2 = 18{,}24\ \text{cm}^2$

C + D

Lösungen Teil D

Bei geraden Prismen sind die Seitenkanten *s* und die Höhe *h* gleich lang. S. 83

Die Seitenflächen sind jeweils Rechtecke.

Für jedes gerade Prisma gilt: Grund- und Deckfläche sind kongruente Vielecke.

Die Mantelfäche *M* eines Zylinders ist ein Rechteck, … dessen andere Seite gleich der Länge des Kreisumfangs ist.

a) Beispiel 1

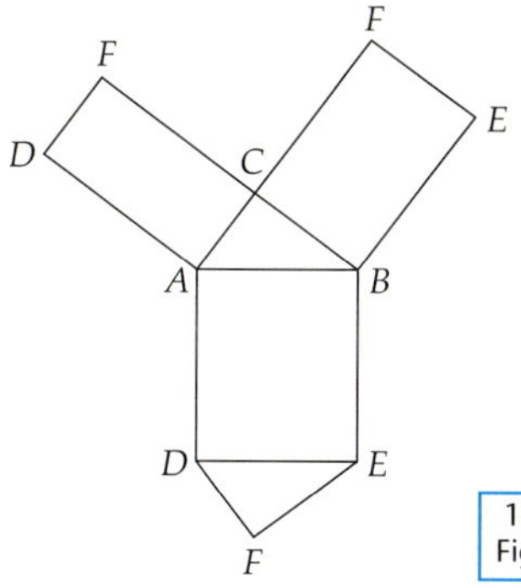

103 Figur

b) $O = A_{\triangle ABC} + A_{\square ABED} + A_{\square BCFE} + A_{\square CADF} + A_{\triangle DEF} =$ S. 84
$= 6\ \text{cm}^2 + 30\ \text{cm}^2 + 24\ \text{cm}^2 + 18\ \text{cm}^2 + 6\ \text{cm}^2 =$
$= 84\ \text{cm}^2$

oder kürzer:

$O = 2 \cdot A_{\triangle ABC} + (a + b + c) \cdot h =$
$= 2 \cdot 6\ \text{cm}^2 + 12\ \text{cm} \cdot 6\ \text{cm} = 12\ \text{cm}^2 + 72\ \text{cm}^2 = 84\ \text{cm}^2$

Beispiel 2 a)
S. 84

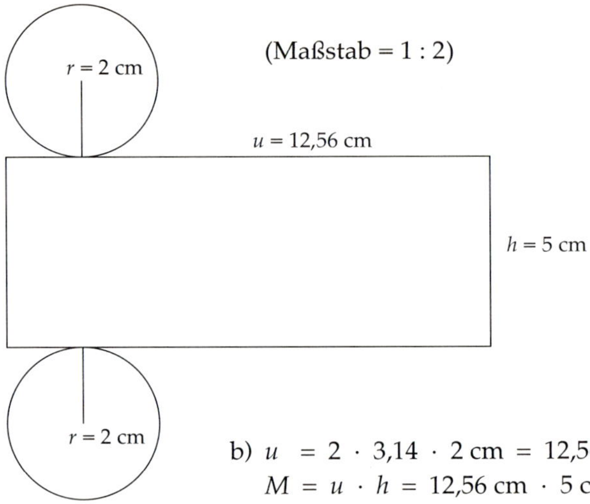

104 Figur

b) $u = 2 \cdot 3{,}14 \cdot 2\text{ cm} = 12{,}56\text{ cm}$
$M = u \cdot h = 12{,}56\text{ cm} \cdot 5\text{ cm} = 62{,}80\text{ cm}^2$

Zwei Prismen mit gleicher Höhe besitzen dasselbe Volumen, wenn ihre Grundflächen inhaltsgleich sind.

S. 85 $V_{\text{Zylinder}} = G \cdot h = \pi \cdot r^2 \cdot h$

… da das Bestimmungsdreieck *ABM* ein gleichseitiges Dreieck ist.

$$A_{\triangle ABM} = \frac{\sqrt{3} \cdot a^2}{4} = \frac{\sqrt{3} \cdot 25\text{ cm}^2}{4} = 10{,}83\text{ cm}^2$$

S. 86 $G = 6 \cdot A_{\triangle} = 6 \cdot 10{,}83\text{ cm}^2 = 64{,}98\text{ cm}^2$
$V = 64{,}98\text{ cm}^2 \cdot 12\text{ cm} = 779{,}76\text{ cm}^3$

D 1
S. 86
$G = \pi \cdot r^2 = 3{,}14 \cdot 6{,}25\text{ cm}^2 = 19{,}63\text{ cm}^2$
$V = G \cdot h = 19{,}63\text{ cm}^2 \cdot 8\text{ cm} = 157{,}04\text{ cm}^3$

Wenn du direkt mit dem Zwischenergebnis des Taschenrechners weiterrechnest, ergibt sich:
$V = G \cdot h = 19{,}625\text{ cm}^2 \cdot 8\text{ cm} = 157\text{ cm}^3$

D 2
S. 86
$V_{\text{Quader}} = l \cdot b \cdot h = 200\text{ m}^3$
$V_{\text{Prisma}} = G \cdot l = 69{,}3\text{ m}^3$
$G_{\text{Prisma}} = \frac{\sqrt{3} \cdot b^2}{4} = 6{,}93\text{ m}^2$
$V_{\text{Körper}} = 200\text{ m}^3 + 69{,}3\text{ m}^3 = 269{,}3\text{ m}^3$

D 3
S. 86
$$h = \frac{V}{l \cdot b} = \frac{819\text{ cm}^3}{13\text{ cm} \cdot 9\text{ cm}} = 7\text{ cm}$$

D 4
S. 86
$$r^2 = \frac{V}{\pi \cdot h} = \frac{240\text{ cm}^3}{3{,}14 \cdot 8\text{ cm}} = 9{,}55\text{ cm}^2 \quad \Rightarrow \quad r = 3{,}09\text{ cm}$$

Die Seitenflächen sind jeweils Dreiecke. **S. 87**

Die Länge des Kreisbogens b stimmt mit der Länge des Umfang des Grundkreises überein: **S. 88**

$b = 2 \cdot \pi \cdot r$ $\qquad$ $A_{MK} = \pi \cdot m^2$

Fläche pro 1 cm Bogenlänge $= \dfrac{\pi \cdot m^2}{2 \cdot \pi \cdot m}$

$$A_M = \frac{\pi \cdot m^2}{2 \cdot \pi \cdot m} \cdot 2 \cdot \pi \cdot r$$

$O = \pi \cdot r \cdot (r + m)$ **Merke S. 88**

$O = 3{,}14 \cdot 4\,\text{cm} \cdot (4\,\text{cm} + 10\,\text{cm}) = 175{,}84\,\text{cm}^2$ **D5 S. 88**

D6 S. 88

a) $r^2 = \dfrac{G}{\pi} = \dfrac{78{,}5\,\text{cm}^2}{3{,}14} = 25\,\text{cm}^2$

$\Rightarrow \quad r = 5\,\text{cm}$

b) $m^2 = h^2 + r^2$ **S. 89**

$m^2 = 144\,\text{cm}^2 + 25\,\text{cm}^2 = 169\,\text{cm}^2$

$\Rightarrow \quad m = 13\,\text{cm}$

c) $A_M = 3{,}14 \cdot 13\,\text{cm} \cdot 5\,\text{cm} = 204{,}10\,\text{cm}^2$

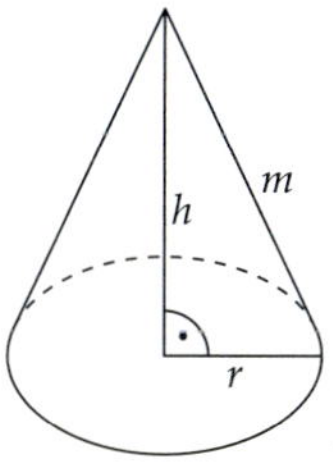

P113 Figur

b) $V = \dfrac{1}{3} \cdot 8\,\text{cm} \cdot 6\,\text{cm} \cdot 12\,\text{cm} = 192\,\text{cm}^3$ **Beispiel S. 90**

c) … lässt sich aus dem rechtwinkligen Dreieck AMS berechnen.

Im Dreieck AMS liegt der rechte Winkel bei M; dies bedeutet: Die Strecke s ist Hypotenuse.

$\overline{AM} = \dfrac{1}{2} \cdot \sqrt{64\,\text{cm}^2 + 36\,\text{cm}^2} = 5\,\text{cm}$ (Vergleiche Aufgabe B7.)

$s^2 = \overline{AM}^2 + h^2 = 25\,\text{cm}^2 + 144\,\text{cm}^2 = 169\,\text{cm}^2$

$\Rightarrow \quad s = 13\,\text{cm}$

d) $h_a^2 = s^2 - \left(\dfrac{a}{2}\right)^2 = 169\,\text{cm}^2 - 16\,\text{cm}^2 = 153\,\text{cm}^2$ **S. 91**

$\Rightarrow \quad h_a = 12{,}37\,\text{cm} \quad \Rightarrow \quad A_{\triangle ABS} = \dfrac{a \cdot h_a}{2} = 49{,}48\,\text{cm}^2$

e) $h_b^2 = s^2 - \left(\dfrac{b}{2}\right)^2 = 169\,\text{cm}^2 - 9\,\text{cm}^2 = 160\,\text{cm}^2$

$\Rightarrow \quad h_b = 12{,}65\,\text{cm} \quad \Rightarrow \quad A_{\triangle BCS} = \dfrac{b \cdot h_b}{2} = 37{,}95\,\text{cm}^2$

f) $M = 2 \cdot A_{\triangle ABS} + 2 \cdot A_{\triangle BCS} = 98{,}96\ \text{cm}^2 + 75{,}90\ \text{cm}^2 = 174{,}86\ \text{cm}^2$

$O = G + M = 48\ \text{cm}^2 + 174{,}86\ \text{cm}^2 = 222{,}86\ \text{cm}^2$

S. 91 Die Dreieckshöhe h_a ist Hypotenuse im $\triangle EMS$.

S. 92 Mit $\frac{b}{2} = 3\ \text{cm}$ gilt: $h_a = \sqrt{9\ \text{cm}^2 + 144\ \text{cm}^2} = 12{,}37\ \text{cm}$

Die Dreieckshöhe h_b ist Hypotenuse im $\triangle FMS$.

$$h_b = \sqrt{\overline{MF}^2 + \overline{MS}^2}$$

D

Mit $\overline{MF} = \frac{a}{2} = 4\ \text{cm}$ gilt: $h_b = \sqrt{16\ \text{cm}^2 + 144\ \text{cm}^2} = 12{,}65\ \text{cm}$

D7
S. 92

a)

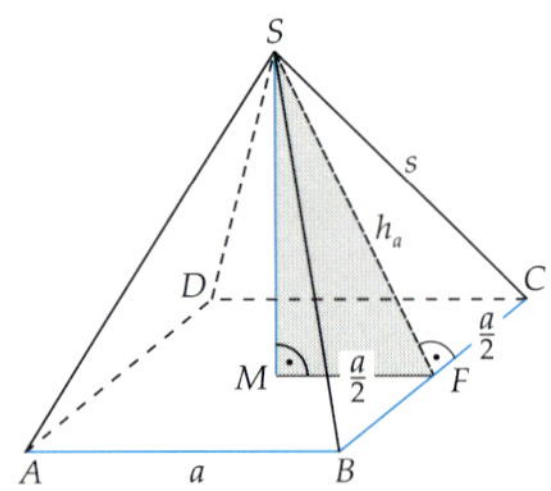

P117 Figur

b) Alle vier Seitendreiecke sind zueinander kongruent. Daher haben alle Seitendreiecke die gleiche Höhe h_a.

$$h_a = \sqrt{\left(\frac{a}{2}\right)^2 + h^2} = \sqrt{36\ \text{cm}^2 + 64\ \text{cm}^2} = 10\ \text{cm}$$

c) $A_\triangle = \frac{a \cdot h_a}{2} = \frac{12\ \text{cm} \cdot 10\ \text{cm}}{2} = 60\ \text{cm}^2$

d) $A_M = 4 \cdot A_\triangle = 240\ \text{cm}^2$

e) $V_{\text{Pyramide}} = \frac{1}{3} \cdot a^2 \cdot h = 384\ \text{cm}^3$

f) $s = \sqrt{h_a^2 + \left(\frac{a}{2}\right)^2} = 11{,}66\ \text{cm}$

bzw. $s = \overline{AS}$ im $\triangle AMS$:

$$s = \sqrt{\overline{AM}^2 + \overline{MS}^2} = \sqrt{\left(\frac{1}{2}\overline{AC}\right)^2 + \overline{MS}^2} =$$

$$= \sqrt{\left(\frac{1}{2} \cdot 12 \cdot \sqrt{2}\right)^2 + 8^2}\ \text{cm} = 11{,}66\ \text{cm}$$

a)

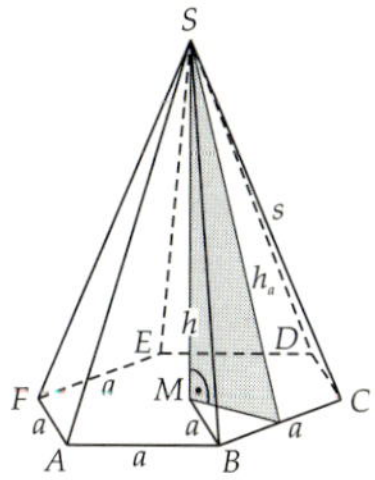

P118 Figur

D8
S. 92

b) Da die Grundfläche ein reguläres Sechseck ist, gilt: $\overline{MB} = a$

$h = \sqrt{s^2 - a^2} = \sqrt{81\,\text{cm}^2 - 25\,\text{cm}^2} = 7{,}48\,\text{cm}$

c) $h_a = \sqrt{s^2 - \left(\frac{a}{2}\right)^2} = \sqrt{81\,\text{cm}^2 - 6{,}25\,\text{cm}^2} = 8{,}65\,\text{cm}$

$A_{\triangle BCS} = \frac{a \cdot h_a}{2} = 21{,}63\,\text{cm}^2$

$G = 64{,}98\,\text{cm}^2$ (vergleiche die Sechseckfläche im Beispiel zum Prisma in Abschnitt 1.1 .)

$O = 6 \cdot 21{,}63\,\text{cm}^2 + 64{,}98\,\text{cm}^2 = 194{,}76\,\text{cm}^2$

d) $V = \frac{G \cdot h}{3} = 162{,}02\,\text{cm}^3$

Beispiel
S. 93

b) Die Körperhöhe h ist Kathete im $\triangle AMS$ mit dem rechten Winkel bei M.

$\overline{AD} = h_a = \sqrt{3} \cdot \frac{5\,\text{cm}}{2} = 4{,}33\,\text{cm}$

$\overline{AM} = \frac{2}{3} \cdot 4{,}33\,\text{cm} = 2{,}89\,\text{cm}$

$h^2 = 64\,\text{cm}^2 - 8{,}35\,\text{cm}^2 = 55{,}65\,\text{cm}^2$

$\Rightarrow \quad h = 7{,}46\,\text{cm}$

c) $A_{\triangle ABC} = \frac{a \cdot h_a}{2} = \frac{5\,\text{cm} \cdot 4{,}33\,\text{cm}}{2} = 10{,}83\,\text{cm}^2$

d) $V = \frac{10{,}83\,\text{cm}^2 \cdot 7{,}46\,\text{cm}}{3} = 26{,}93\,\text{cm}^3$

S. 94

e) $h_M^2 = s^2 - \left(\frac{a}{2}\right)^2 = 64\,\text{cm}^2 - 6{,}25\,\text{cm}^2 = 57{,}75\,\text{cm}^2$

$\Rightarrow \quad h_M = 7{,}60\,\text{cm}$

$A_{\triangle ABS} = \frac{5\,\text{cm} \cdot 7{,}60\,\text{cm}}{2} = 19\,\text{cm}^2$

$M = 3 \cdot A_{\triangle ABS} = 57\,\text{cm}^2$

D

D9 a) Im Dreieck AMS ist h Kathete.

S. 94

$$h = \sqrt{a^2 - \overline{AM}^2} = \sqrt{25\text{ cm}^2 - 8{,}35\text{ cm}^2} = 4{,}08\text{ cm}$$

Für die Fläche eines gleichseitigen Dreiecks gilt:

$$h_a = \sqrt{3} \cdot \frac{a}{2} \quad \text{(Vergleiche letztes Beispiel, Teil b.)}$$

und $A = \frac{1}{2} \cdot a \cdot h_a = \frac{1}{2} \cdot 5 \cdot \sqrt{3} \cdot \frac{5}{2}\text{ cm}^2 = 10{,}83\text{ cm}^2$

b) $O = 4 \cdot A_{\triangle ABC} = 4 \cdot 10{,}83\text{ cm}^2 = 43{,}32\text{ cm}^2$

D

c) $V = \frac{10{,}83\text{ cm}^2 \cdot 4{,}08\text{ cm}}{3} = 14{,}73\text{ cm}^3$

D 10 b) $\overline{AM} = \frac{1}{2} \cdot \sqrt{2} \cdot 5\text{ cm} = 3{,}54\text{ cm}$ bzw.

S. 95

$$\overline{AM} = \frac{1}{2}\sqrt{2} \cdot a = \frac{a}{\sqrt{2}} = 3{,}54\text{ cm}$$

c) $\frac{h}{2} = \overline{MS_1} = \sqrt{a^2 - \overline{AM}^2} = 3{,}53\text{ cm}$

bzw. mit der Formel für $\overline{AM}$ aus Teil b):

$$\frac{h}{2} = \overline{MS_1} = \sqrt{a^2 - \left(\frac{1}{2} \cdot \sqrt{2} \cdot a\right)^2} = \sqrt{a^2 - \frac{a^2}{2}} = \sqrt{\frac{a^2}{2}} = \frac{a}{\sqrt{2}} =$$

$$= 3{,}54\text{ cm}$$

d) $V = 2 \cdot \frac{25\text{ cm}^2 \cdot 3{,}54\text{ cm}}{3} = 59\text{ cm}^3$

e) $A_{\triangle ABS_1} = 10{,}83\text{ cm}^2 \quad \Rightarrow \quad O = 8 \cdot 10{,}83\text{ cm}^2 = 86{,}64\text{ cm}^2$

Pyramidenstumpf Bei jedem Pyramidenstumpf besteht die Mantelfläche aus Trapezen.

S. 96 Das Volumen des Pyramidenstumpfes ergibt sich als Differenz …

… das Zentrum im Punkt S liegt.

$$\frac{x + h}{x} = k$$

S. 97

$$(x + h) \cdot \sqrt{D} = x \cdot \sqrt{G}$$

$$x \cdot \sqrt{D} + h \cdot \sqrt{D} = x \cdot \sqrt{G}$$

$$h \cdot \sqrt{D} = x \cdot \sqrt{G} - x \cdot \sqrt{D}$$

$$h \cdot \sqrt{D} = x \cdot \left(\sqrt{G} - \sqrt{D}\right) \quad \Big| : \left(\sqrt{G} - \sqrt{D}\right)$$

$$\frac{h \cdot \sqrt{D}}{\left(\sqrt{G} - \sqrt{D}\right)} = x$$

$$V_{PS} = \frac{1}{3} \cdot G \cdot h + \frac{1}{3} \cdot \frac{h \cdot \sqrt{D}}{\left(\sqrt{G} - \sqrt{D}\right)} \cdot (G - D)$$

$$V_{PS} = \frac{1}{3} \cdot G \cdot h + \frac{1}{3} \cdot h \cdot \sqrt{D} \cdot \left(\sqrt{G} + \sqrt{D}\right)$$

a) $G = 100\text{ cm}^2$

$D = 36\text{ cm}^2$

Beispiel
S. 97

$$\Rightarrow \quad V_{PS} = \frac{1}{3} \cdot 12\text{ cm} \cdot \left(100\text{ cm}^2 + \sqrt{100\text{ cm}^2 \cdot 36\text{ cm}^2} + 36\text{ cm}^2\right) =$$

$$= 784\text{ cm}^3$$

D

b) $\frac{x}{x + 12\text{ cm}} = \frac{6}{10}$

S. 98

$$10x = 6x + 72\text{ cm}$$

$$4x = 72\text{ cm}$$

$$x = 18\text{ cm}$$

c) $\overline{AC} = \sqrt{2} \cdot g = \sqrt{2} \cdot 10\text{ cm} = 14{,}14\text{ cm}$

$\overline{E'G'} = \sqrt{2} \cdot 6\text{ cm} = 8{,}49\text{ cm}$

$\overline{AE'}$ ist die Hälfte der Differenz von $\overline{AC}$ und $\overline{E'G'}$.

$\overline{AE'} = \frac{1}{2} \cdot (14{,}14\text{ cm} - 8{,}49\text{ cm}) = 2{,}83\text{ cm}$

… s als Hypotenuse im rechtwinkligen Dreieck $AE'E$:

$s = \sqrt{8\text{ cm}^2 + 144\text{ cm}^2} = 12{,}33\text{ cm}$

d) Die Mantelfläche besteht aus vier kongruenten Trapezen.

$$h_T = \sqrt{s^2 - \left(\frac{g - d}{2}\right)^2} = \sqrt{152\text{ cm}^2 - 4\text{ cm}^2} = 12{,}17\text{ cm}$$

(Beachte: Du hast soeben $s = \sqrt{152\text{ cm}^2}$ berechnet; damit gilt: $s^2 = 152\text{ cm}^2$)

$$A_T = \frac{10\text{ cm} + 6\text{ cm}}{2} \cdot 12{,}17\text{ cm} = 97{,}36\text{ cm}^2$$

$$\Rightarrow \quad A_M = 4 \cdot A_T = 389{,}44\text{ cm}^2$$

e) $\frac{s_x}{s} = \frac{x}{h}$

S. 99

$$\Rightarrow \quad s_x = \frac{x}{h} \cdot s = \frac{18\text{ cm}}{12\text{ cm}} \cdot 12{,}33\text{ cm} = 18{,}50\text{ cm}$$

D 11
S. 99

a) $g^2 = d^2 + 105\text{ cm}^2$ **I**

$g = d + 5\text{ cm}$ **II**

II in **I**: $(d + 5\text{ cm})^2 = d^2 + 105\text{ cm}^2$

$\cancel{d^2} + 2 \cdot d \cdot 5\text{ cm} + 25\text{ cm}^2 = \cancel{d^2} + 105\text{ cm}^2$

D 11
S. 99
Fortsetzung

$$2d \cdot 5\ \text{cm} = 80\ \text{cm}^2 \quad |:5\ \text{cm}$$
$$2d = 16\ \text{cm}$$
$$d = 8\ \text{cm}$$

d in **II**: $g = 13\ \text{cm}$

b) $V_{PS} = \frac{1}{3} h \cdot \left(G + \sqrt{G \cdot D} + D\right) =$

$= \frac{1}{3} \cdot 12\ \text{cm} \cdot \left(169\ \text{cm}^2 + 13\ \text{cm} \cdot 8\ \text{cm} + 64\ \text{cm}^2\right) = 1\,348\ \text{cm}^3$

c) $h_M = \sqrt{(12\ \text{cm})^2 + (2{,}5\ \text{cm})^2} = 12{,}26\ \text{cm}$

$A_T = \frac{g + d}{2} \cdot h_T = \frac{13\ \text{cm} + 8\ \text{cm}}{2} \cdot 12{,}26\ \text{cm} = 128{,}73\ \text{cm}^2$

$M = 4 \cdot 128{,}73\ \text{cm}^2 = 514{,}92\ \text{cm}^2$

D

Beispiel
S. 99

a) $V_{KS} = \frac{1}{3} \cdot 3{,}14 \cdot 4\ \text{cm} \cdot (121\ \text{cm}^2 + 11\ \text{cm} \cdot 5\ \text{cm} + 25\ \text{cm}^2) =$

$= 841{,}52\ \text{cm}^3$

S. 100

b) $\frac{x}{x + h} = \frac{r_D}{r_G}$

$\Rightarrow \quad x \cdot r_G = r_D \cdot x + r_D \cdot h$

$x = \frac{r_D \cdot h}{r_G - r_D} = \frac{5\ \text{cm} \cdot 4\ \text{cm}}{11\ \text{cm} - 5\ \text{cm}} = 3{,}33\ \text{cm}$

c) $y = 11\ \text{cm} - 5\ \text{cm} = 6\ \text{cm}$

$m = \sqrt{(4\ \text{cm})^2 + (6\ \text{cm})^2} = 7{,}21\ \text{cm}$

d) $\frac{m_x}{m} = \frac{x}{h} \quad \Rightarrow \quad m_x = \frac{x \cdot m}{h} = 6{,}00\ \text{cm}$

e) $M = \pi \cdot (m_x + m) \cdot r_G - \pi \cdot m_x \cdot r_D =$

$= \pi \cdot [(6{,}00\ \text{cm} + 7{,}21\ \text{cm}) \cdot 11\ \text{cm} - 6{,}00\ \text{cm} \cdot 5\ \text{cm}] =$

$= 362{,}07\ \text{cm}^2$

$M_{KS} = 3{,}14 \cdot (11\ \text{cm} + 5\ \text{cm}) \cdot 7{,}21\ \text{cm} = 362{,}23\ \text{cm}^2$

(Die letzten beiden Ergebnisse stimmen nicht exakt überein, da wir alle Einzelergebnisse nur auf zwei Stellen genau einsetzen.)

D 12
S. 100

a)

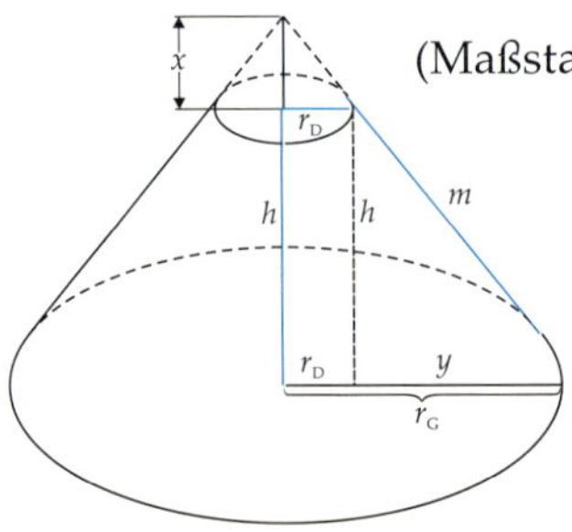

(Maßstab = 1 : 4)

130
Figur

b) $y = \sqrt{m^2 - h^2} = \sqrt{100\text{ cm}^2 - 64\text{ cm}^2} = 6\text{ cm}$

$r_G = r_D + y = 8\text{ cm}$

c) $V = \frac{1}{3} \cdot 3{,}14 \cdot 8\text{ cm} \cdot (64\text{ cm}^2 + 8\text{ cm} \cdot 2\text{ cm} + 4\text{ cm}^2) = 703{,}36\text{ cm}^3$

d) $M = 3{,}14 \cdot (8\text{ cm} + 2\text{ cm}) \cdot 10\text{ cm} = 314\text{ cm}^2$

e) $x = \frac{r_D \cdot h}{r_G - r_D}$ (Vergleiche das Beispiel zum Kegelstumpfvolumen in Abschnitt D3.) S. 101

bzw: Die beiden hervorgehobenen Dreiecke sind ähnlich zueinander.

$\Rightarrow \quad \frac{x}{r_D} = \frac{h}{y} \quad \Rightarrow \quad x = 2{,}67\text{ cm}$

D

f) $V_{EK} = \frac{1}{3} \cdot 3{,}14 \cdot 4\text{ cm}^2 \cdot 2{,}67\text{ cm} = 11{,}18\text{ cm}^3$

g) $703{,}36\text{ cm}^3 \mathrel{\widehat{=}} 100\,\%$

$11{,}18\text{ cm}^3 \mathrel{\widehat{=}} \frac{100\,\% \cdot 11{,}18}{703{,}36} = 1{,}59\,\%$

Das Volumen des Ergänzungskegels beträgt 1,59 % des Kegelstumpfvolumens.

Beispiel 1 S. 102

Der Rotationskörper entspricht dem Körper Nummer 2.

Der Körper ist ein Zylinder.

a) $r = 2\text{ LE}$; $G = 3{,}14 \cdot (2\text{ LE})^2 = 12{,}56\text{ FE}$

b) $h = 5\text{ LE}$

$O = 2 \cdot 12{,}56\text{ FE} + 2 \cdot 3{,}14 \cdot 2\text{ LE} \cdot 5\text{ LE} =$
$= 87{,}92\text{ FE}$

c) $V = 12{,}56\text{ FE} \cdot 5\text{ LE} = 62{,}8\text{ RE}$

132 Figur

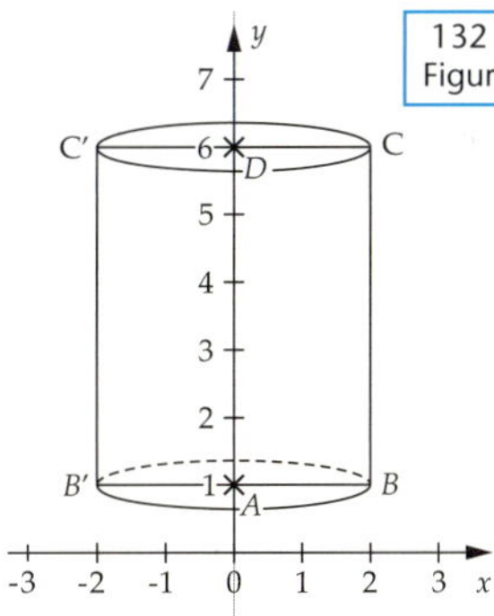

Beispiel 2

133 Figur

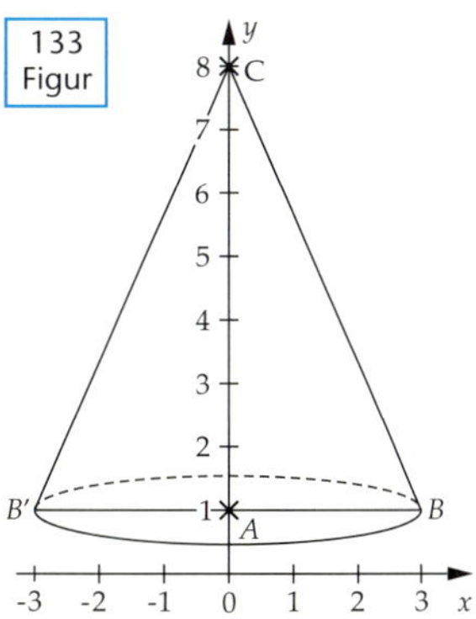

Entspricht Körper Nummer 6.

Der Körper ist ein Kegel.

a) $r = 3\text{ LE}$; $G = 3{,}14 \cdot 9\text{ FE} = 28{,}26\text{ FE}$

b) $h = 7\text{ LE}$; $m = \sqrt{49\text{ FE} + 9\text{ FE}} = 7{,}62\text{ LE}$

$O = 28{,}26\text{ FE} + 3{,}14 \cdot 3\text{ LE} \cdot 7{,}62\text{ LE} =$
$= 100{,}04\text{ FE}$

c) $V = \frac{1}{3} \cdot 28{,}26\text{ FE} \cdot 7\text{ LE} = 65{,}94\text{ RE}$

Beispiel 3
S. 103

134 Figur

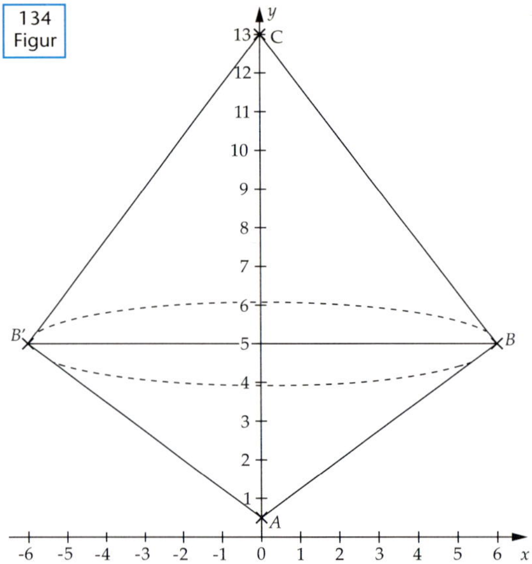

Entspricht Körper Nummer 4.

Der Rotationskörper besteht aus zwei Kegeln, die mit ihren kongruenten Grundflächen aneinander stoßen.

a) $\overline{AC} = 12{,}5$ LE ; $\overline{AC}^2 = 156{,}25$ FE

$\overline{AB}^2 = 56{,}25$ FE; $\overline{AB} = 7{,}5$ LE

$\overline{BC}^2 = 100$ FE; $\overline{BC} = 10$ LE

$\overline{AB}^2 + \overline{BC}^2 = 156{,}25$ FE

b) $r = 6$ LE ; $G = 3{,}14 \cdot 36$ FE $= 113{,}04$ FE

c) $M_1 = 6 \cdot 3{,}14 \cdot 10$ FE $= 188{,}40$ FE

d) $M_2 = 6 \cdot 3{,}14 \cdot 7{,}5$ FE $= 141{,}30$ FE

e) $O = 188{,}40$ FE $+ 141{,}30$ FE $= 329{,}70$ FE

f) $V = \frac{1}{3} \cdot G \cdot (h_1 + h_2) = \frac{1}{3} \cdot 113{,}04 \cdot 12{,}5$ RE $= 471$ RE

Beispiel 4
S. 104

Entspricht Körper Nummer 1.

Der Rotationskörper ist ein Kegelstumpf, bei dem längs der Rotationsachse ein Zylinder „ausgebohrt" ist.

135 Figur

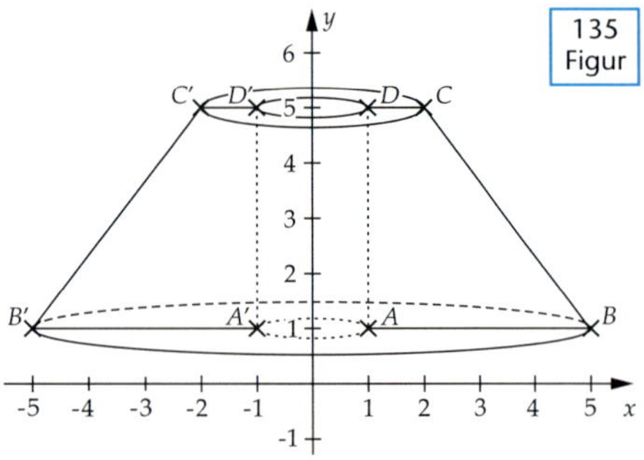

a) $r_{GKS} = 5$ LE
$A_{GKS} = 78{,}50$ FE

b) $r_{DKS} = 2$ LE
$A_{DKS} = 12{,}56$ FE

c) $m_{KS} = 5$ LE ; $M_{KS} = 3{,}14 \cdot (5 + 2) \cdot 5$ FE $= 109{,}90$ FE

d) $r_{GZ} = 1$ LE ; $A_{GZ} = 3{,}14 \cdot 1^2$ FE $= 3{,}14$ FE

D

e) $m_Z = h_Z = 4$ LE; $M_Z = 2 \cdot 3{,}14 \cdot 1 \cdot 4$ FE $= 25{,}12$ FE

f) $O = M_{KS} + M_Z + A_{GKS} - A_{GZ} + A_{DKS} - A_{DZ} =$
$= (109{,}90 + 25{,}12 + 78{,}50 + 12{,}56 - 3{,}14 \cdot 2)$ FE $= 219{,}80$ FE

g) $V_{KS} = \frac{1}{3} \cdot 3{,}14 \cdot 4 \cdot (25 + 5 \cdot 2 + 4)$ RE $= 163{,}28$ RE **S. 105**

h) $V_Z = 3{,}14 \cdot 1^2 \cdot 4$ RE $= 12{,}56$ RE

i) $V = V_{KS} - V_Z = 150{,}72$ RE

D 13
S. 105

a)

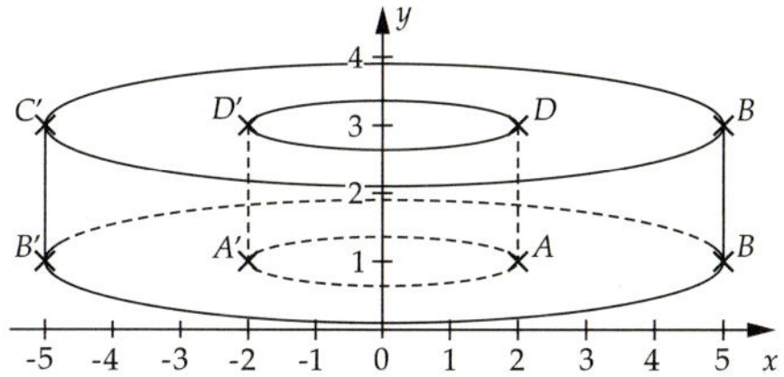

136
Figur

b) Der Rotationskörper ist eine zylindrische Scheibe, bei der längs der Rotationsachse ein rundes Loch ausgebohrt ist (vergleiche Figur P131, Nummer 3).

c) $O = M_{grZ} + M_{klZ} + 2 \cdot A_{GgrZ} - 2 \cdot A_{GklZ} =$
$= 2 \cdot \pi \cdot r_{grZ} \cdot h + 2 \cdot \pi \cdot r_{klZ} \cdot h + 2 \cdot \pi \cdot (r_{grZ})^2 - 2 \cdot \pi \cdot (r_{klZ})^2 =$
$= 2 \cdot \pi \cdot (r_{grZ} \cdot h + r_{klZ} \cdot h + (r_{grZ})^2 - (r_{klZ})^2) =$
$= 2 \cdot 3{,}14 \cdot (5 \cdot 2 + 2 \cdot 2 + 5^2 - 2^2)$ FE $= 219{,}80$ FE

d) $V = V_{grZ} - V_{klZ} = 3{,}14 \cdot (5^2 - 2^2) \cdot 2$ RE $= 131{,}88$ RE

D 14
S. 105/106

a)

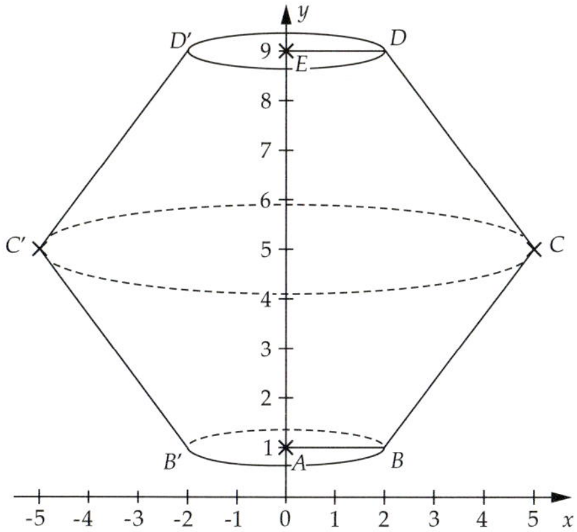

137
Figur

b) Der Rotationskörper ist ein „Doppelkegelstumpf" (vergleiche Figur P131, Nummer 5).

c) $O = 2 \cdot M_{KS} + 2 \cdot A_D = 2 \cdot 3{,}14 \cdot [(5 + 2) \cdot 5 + 2^2]$ FE $= 244{,}92$ FE

d) $V = 2 \cdot V_{KS} = 2 \cdot \frac{1}{3} \cdot 3{,}14 \cdot 4 \cdot (5^2 + 5 \cdot 2 + 2^2)$ RE $= 326{,}56$ RE

D

D 15
S. 106

a)

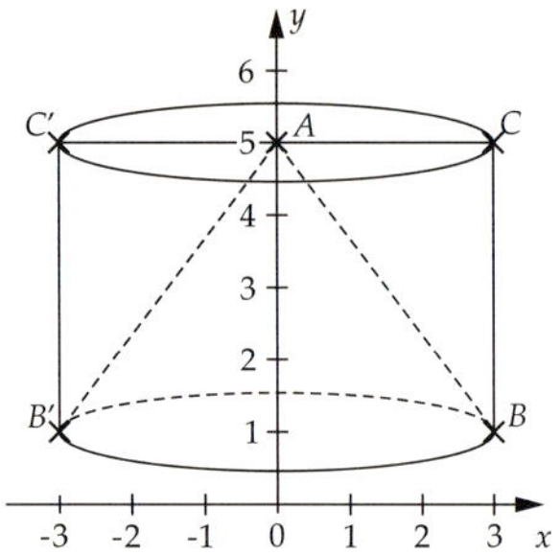

b) Der Rotationskörper ist ein Zylinder, aus dem von unten längs der Rotationsachse ein Kegel ausgefräst ist (vergleiche Figur P131, Nummer 7).

138
Figur

c) $O = M_Z + D_Z + M_K =$
$= (2 \cdot 3{,}14 \cdot 3 \cdot 4 + 3{,}14 \cdot 3^2 + 3{,}14 \cdot 5 \cdot 3)\ \text{FE} =$
$= 3{,}14 \cdot (2 \cdot 3 \cdot 4 + 3^2 + 3 \cdot 5)\ \text{FE} = 150{,}72\ \text{FE}$

D

d) $V = V_Z - V_K = \left(3{,}14 \cdot 3^2 \cdot 4 - \frac{1}{3} \cdot 3{,}14 \cdot 3^2 \cdot 4\right)\ \text{RE} =$
$= 3{,}14 \cdot 3^2 \cdot 4 \cdot \left(1 - \frac{1}{3}\right)\ \text{RE} = 3{,}14 \cdot 3^2 \cdot 4 \cdot \frac{2}{3}\ \text{RE} = 75{,}36\ \text{RE}$

S. 107 richtige Formel: $V_{\text{Kugel}} = \frac{2}{3} \cdot V_Z$

$V_Z = G \cdot h = \pi \cdot r^2 \cdot 2 \cdot r$

$V_{\text{Kugel}} = \frac{4}{3} \cdot \pi \cdot (2\ \text{cm})^3 = 33{,}49\ \text{cm}^3$

$r^3 = \frac{V \cdot 3}{\pi \cdot 4} = 27\ \text{cm}^3 \quad \Rightarrow \quad r = 3\ \text{cm}$

S. 108 $G_P = \frac{V_P \cdot 3}{r}$

Übungen $O_{\text{Kugel}} = 4 \cdot 3{,}14 \cdot (7\ \text{cm})^2 = 615{,}44\ \text{cm}^2$

$O_{\text{Halbkugel}} = \frac{1}{2} \cdot O_{\text{Kugel}} + A_{\text{Kreis}} =$
$= \frac{1}{2} \cdot 4 \cdot \pi \cdot r^2 + \pi \cdot r^2 = 3 \cdot \pi \cdot r^2 = 3 \cdot 3{,}14 \cdot (7\ \text{cm})^2 =$
$= 461{,}58\ \text{cm}^2$

$O = 4 \cdot \pi \cdot r^2 \quad \Rightarrow \quad r^2 = \frac{O}{4 \cdot \pi} = 25\ \text{cm}^2$
$r = 5\ \text{cm}$

Die Differenz der Volumina von äußerer und innerer Kugel ergibt das Volumen der Isoliermasse. **D16** **S. 109**

$$r_a^{\,3} = \frac{V_{\text{Kugel}} \cdot 3}{4 \cdot \pi} = \frac{4186{,}67\ \text{dm}^3 \cdot 3}{4 \cdot 3{,}14} = 1000\ \text{dm}^3$$

$$\Rightarrow \quad r_a = 10\ \text{dm}$$

$$r_i = r_a - 1\ \text{dm} = 9\ \text{dm}$$

$$V_{\text{iK}} = \frac{4}{3} \cdot 3{,}14 \cdot (9\ \text{dm})^3 = 3052{,}08\ \text{dm}^3$$

$$V_{\text{Isol.}} = 4186{,}67\ \text{dm}^3 - 3052{,}08\ \text{dm}^3 = 1134{,}59\ \text{dm}^3$$

Es werden 1134,59 l Isoliermasse gebraucht.

D

D17 **S. 109**

a) $$h_{\text{Kegel}} = \sqrt{3} \cdot \frac{d}{2} = \sqrt{3} \cdot \frac{6\ \text{cm}}{2} = 5{,}20\ \text{cm}$$

$$V_{\text{Kegel}} = \frac{1}{3} \cdot 3{,}14 \cdot (3\ \text{cm})^2 \cdot 5{,}20\ \text{cm} = 48{,}98\ \text{cm}^3$$

b) $$r_{\text{Kugel}} = \frac{1}{3} \cdot h_{\text{Kegel}} = \frac{1}{3} \cdot 5{,}20\ \text{cm} = 1{,}73\ \text{cm}$$

$$V_{\text{Kugel}} = \frac{4}{3} \cdot 3{,}14 \cdot (1{,}73\ \text{cm})^3 = 21{,}68\ \text{cm}^3$$

D18 **S. 109**

$$V_{\text{Gas}} = \frac{4}{3} \cdot 3{,}14 \cdot (6{,}5\ \text{m})^3 = 1149{,}76\ \text{m}^3$$

$$m_{\text{Gas}} = 0{,}16\ \frac{\text{kg}}{\text{m}^3} \cdot 1149{,}76\ \text{m}^3 = 183{,}96\ \text{kg}$$

$$O_{\text{Ballon}} = 4 \cdot \pi \cdot r^2 = 4 \cdot 3{,}14 \cdot (6{,}5\ \text{m})^2 = 530{,}66\ \text{m}^2$$